岗位业务培训系列

如何做好
机电工务员

RUHE ZUOHAO
JIDIANGONGWUYUAN

文锋 ◎ 主编

U0288710

广东省出版集团
广东经济出版社

图书在版编目（CIP）数据

如何做好机电工务员 / 文锋主编. —广州：广东经济出版社，2012.7

（广经企管白金书系，岗位业务培训系列）

ISBN 978－7－5454－1320－5

Ⅰ.①如…　Ⅱ.①文…　Ⅲ.①机电工程—工程管理　Ⅳ.①TH

中国版本图书馆 CIP 数据核字（2012）第 136505 号

出版发行	广东经济出版社（广州市环市东路水荫路 11 号 11～12 楼）
经销	全国新华书店
印刷	湛江日报社印刷厂（湛江康宁路 17 号）
开本	730 毫米×1020 毫米　1/16
印张	13.25
字数	244 000 字
版次	2012 年 7 月第 1 版
印次	2012 年 7 月第 1 次
印数	1～4 000 册
书号	ISBN 978－7－5454－1320－5
定价	28.00 元

如发现印装质量问题，影响阅读，请与承印厂联系调换。

发行部地址：广州市环市东路水荫路 11 号 11 楼

电话：(020) 38306055　38306107　邮政编码：510075

邮购地址：广州市环市东路水荫路 11 号 11 楼

邮购电话：(020) 37601950　邮政编码：510075

营销网址 **http:**//www.gebook.com

广东经济出版社常年法律顾问：何剑桥律师

总 序

今年 7 月底，我应《新快报》管理沙龙第 190 期之约，做了一次"用《弟子规》培育员工"的专题报告会。会前，我与一位相识 10 年的老朋友——广东经济出版社姚丹林社长聊起该社改革开放 30 年来在企业经营管理领域出版的一系列优秀作品，还谈及中国的优秀企业——华为、联想、海尔的经营管理之道，大有"如数家珍"和"酒逢知己千杯少"之感。此后，我荣幸地接受了姚社长的邀请，为本系列图书作序。

"文章千古事"。正如姚社长所说的，广东经济出版社作为一家在全国有一定影响力和知名度的出版社，乐于承担社会责任，为广大企业读者服务。最近，广东经济出版社通过多种渠道对企业经营管理、经济管理领域的广大读者群进行了广泛深入的调查研究，并根据读者群的反馈意见和建议，对该社 10 年来出版的几百本企业经营管理、经济管理图书进行排序，精选出百种优秀图书，编制了一套"广经企管白金书系"，期待她能够为从事企业经营管理和经济管理领域的同仁们带来更多的实用参考价值。

著名的英国哲学家、文学家弗兰西斯·培根在回答读者"读什么和怎样阅读"时说："书籍好比食品。有些只需浅尝，有些可以吞咽，只有少数需要仔细咀嚼，慢慢品味。所以，有的书只要读其中一部分，有的书只需知其梗概，而对于少数好书，则应当通读、细读、反复读。"

正如培根所说的那样，从事企业经营管理和企业中高级管理者教育培训以来，我和我的许多同事一直在案头热读、通读、细读、反复读广东经济出版社那些优秀的图书，受益匪浅。作为这些优秀图书的"受益者和老粉丝"，归纳起来，我觉得这套图书对我们有以下三个方面的学习和典藏价值：

1. 高屋建瓴，形成经典——这套系列图书的作者多数来自国内外优秀企业的中高级管理者和长期从事企业管理咨询、培训的专家教授。其中大多数人是优秀企业的总经理、副总经理、公共关系管理专家、市场营销专家、人力资源专家、物流与供应链管理专家、精益生产管理专家、质量管理专家、企业培训管理专家和现场管理专家等。本书系是他们在改革开放 30 年中从事企业经营管理智慧的结晶。

2. 简明易懂，方便实用——改革开放头 20 年，从我国著名的工商管理学院给企业管理者开设的 EMBA 和 MBA 的核心课程来看，学习、消化、吸收欧美国家企业先进的科学管理经验似乎成为我们学习企业经营管理的主旋律。但是，实践证明：由于国家、企业文化、制度、语言等环境的差异，对于欧美企业的管理经验真正做到"消化吸收、洋为中用"确实需要一个比较漫长的过程。许多有识之士发出了"哈佛学不到"的叹息！最近 10 年来，我国本土的企业家将西方的先进管理经验与自己企业的具体实践相结合，创造了许多超越欧美企业的第一业绩，并总结管理经验，形成了这套书系的雏形。她来自中国企业，用于中国企业，自然简明易懂、方便实用。

3. 立足实战，讲求实效——多年来，广东经济出版社紧紧依托广东作为经济强省、金融强省和全国第一制造业大省形成的作者、选题、市场资源，策划出版了一大批来自于企业管理实践和各种经济活动，又回到企业管理实践和经济活动中去，服务于广东企业和经济投资活动主体的"广味"图书，打造了"实际、实用、实操、实效"的市场图书品牌。这套白金书系主要定位于企业培训学习，尤其在岗位培训方面具有全面覆盖各个行业、针对性强、应用性强的特点，反映了"实际、实用、实操、实效"的品牌特色，以及广东经济出版社多年来秉持的品牌化运作、市场化运营、特色化方向、专业化道路的发展理念。

企业家、专家学者最重要的责任就是总结过去、利用现在、开创未来。"人生终有限，事业总无限。"任何一个人的生命都是有限的，因此，任何一个人的经验也是有限的。但历史是永恒的，他人的经验是无限的，用他人的经验来丰富自己的经验永远是明智的选择。那么，就让我们做一次"开卷有益"的选择吧！

金井露
作者系中山大学 EMBA 课程教授、华为集团总部签约导师

目 录

开场白

　　机械电气设备是现代企业的基本生产要素，是形成企业生产能力的重要组成部分。要保证所有机电设备的正常运转，除了设备的使用寿命等客观因素以外，还必须依赖于对机电设备的日常保养与维修。机电工务员的工作任务，就是对企业的机电设备进行日常维护与保养，确保各种机电设备的正常运行，为企业生产服务。

　　为了保证企业生产的正常进行，机电工务员要熟悉和了解企业各种机电设备的运行维护知识，及时地处理机电设备在工作中产生的各种故障，指导与协同操作工人维护保养好机电设备，搞好事后维修、预防维修及检测维修工作，并对重要设备实行重点管理，特别要加强对企业供水供电设施的日常的检查与维修，确保企业的正常供水、供电。

　　随着科学技术的不断发展，生产制造设备的机械化、自动化程度越来越高，企业生产所使用的各类机电设备也越来越多，对机电工务员业务技能和工作水平的要求也越来越高。为适应这种挑战，机电工务员要积极进取，努力学习，不断更新知识，切实提高技能。只有这样，才能在岗位竞争中立于不败之地，成为企业的技术骨干，得到企业领导的赏识与器重，从而实现自我价值。

第 1 章　机电工务员的工作职责

你将掌握的内容

>> A　机电工务员的工作内容

>> B　机电工务员的岗位职责

A　机电工务员的工作内容

现代生产企业由于处在激烈竞争的环境中，许多岗位都要求员工具有综合的技能。在许多三资企业里，以前分别由电工、机修工做的工作，现在都由机电工务员来完成。因此机电工务员是一个要求全面的技术工种，既要对企业的机器设备进行维护和管理，又要兼顾供水供电设施的维护与保养，还要能进行一些小型机电设备的安装与调试。

具体来说，机电工务员的工作内容如下：

a. 了解机电设备的性能和工作原理

机电工务员的工作对象就是机电设备，了解它的性能和工作原理是一个重要的前提。

企业生产中所用的机器、电气设备种类繁多，在实际生产中，机电工务员经常遇到的机械电气设备有以下几种：

□ 机器设备

（1）动力机械。用做动力来源的机械，也就是原动机，如常用的电动机、内燃机、蒸汽机以及在无电源的地方使用的其他动力装置。

（2）金属切削机械。指对机械零件的毛坯进行金属切削加工用的机械。由于其产品的工作原理、结构性能特点和加工范围的不同，又分为车床、钻床、镗床、磨床、齿轮加工机床、螺纹加工机床、铣床、刨插床、拉床、电加工机床、锯床和其他机床等。

（3）金属成型机械。指除金属切削加工机床以外的金属加工机械。如锻压机械、铸造机械等。

（4）运送传输机械。用于生产作业区内物料运送传输的机械。如叉车、吊车、皮带输送机等。

（5）起重运输机械，用于在一定距离内运移货物或人的提升和搬运机械，如各种起重机、运输机、升降机、卷扬机等。

（6）通用机械。指广泛用于生产部门的机械，如泵、阀、制冷设备、空气压缩机和风机等。

□ 电气设备

（1）变压器。用于供电线路电压的调节，由外壳、线圈、散热管、油枕、铁芯等组成。

（2）变压开关电器。用于变配电房的电路的开启与闭合，是变配电所的重要电气设备。

（3）互感器。用于互感器的二次侧熔断，以保护电路的正常运行。

（4）电动机。机械设备的动力装置，通过电动机的转动，带动机器运转。

（5）启动设备。启动设备是用来启动电动机运行的设备。有磁力启动器、自耦减压启动器等。

b. 做好机电设备的维修检查

□ 维修工作的内容

维修工作包括维护和修理。维护是指为防止机电设备性能退化或降低机电设备失效的概率，按事前规定的计划或相应技术条件的规定对机电设备进行的维修，也可称为预防性维修。修理是指机电设备产生失效或出现故障后，为使其恢复到能完成规定功能而进行的维修。

（1）预防性维修的内容。预防性维修的任务一般由操作人员在机电工务员的指导下进行的。在正常工作中，操作人员应进行下列检查：

①机电设备能否确保完成工作定额，达到技术性能的要求？

②机电设备能否达到运作质量要求？

③在操作或运行中机电设备是否正常可靠？是否有潜在的不安全因素？

④机电设备运行中是否有漏油、噪声、振动、温度升高、冒烟、气味等异常现象？

⑤有无降低机电设备寿命等隐患？

通过操作人员的观察和检查，可以及时发现并消除隐患，防止机电设备发生故障而引起突发性事故。针对检查中发现的问题，提出修理或改进意见。

（2）维修工作的重点。维修工作的重点是机电设备的易损件，如可动零部件（离合器、齿轮、制动装置的摩擦片等）的磨损；机电设备运转中由于振动而使紧固件上的螺栓和螺帽松动；转轴上的键；各种润滑系统等。

（3）日常维修工作。机电工务员的日常维修工作包括：

①调整。对机电设备上局部零部件进行小的调整，如齿轮的啮合间隙、轴和轴承的配合等。

②保养。加润滑油、清理切屑、擦洗油垢、更换易损件等。

③运行维修。不影响或对机电设备影响很小的运行时的修理，如输电线路的带电作业、不停炉修补、安全规程许可的不停机检修等。

④定期检修。有计划的定期停工检修，包括小修、中修和大修。这些检修包括检查和修理，一般都需要停机。

⑤临时停工检修。计划外的意外停工修理，大部分是在机电设备发生突发性故障或意外事故后不得不停工的检修。

□ 检查的方法

对运行中的机电设备，除了需要进行状态监测的机电外，大量的检查是由操作工和机电工务员共同进行检查。检查方法包括：

（1）日常检查。指操作工每天对机电设备进行的检查，如检查异常声响、漏油、润滑油量、压力、振动、温度等参数，以便及时发现异常情况，加以排除，使机电设备始终处于正常运行状态。一般都规定必须检查的部位和参数。

（2）定期检查。机电工务员在操作工的参与下，定期对重点机电设备或其重点部位以及计划维修的机电设备进行检查，以便确定修理时间和修理内容。在定期检查中，对多垢屑的机电设备进行清洗，定期换油。

（3）精密检查。包括精度检查和性能检查：

①精度检查。由机电工务员对机电设备加工精度（包括几何精度）进行全面检查和测定。为机电设备验收、修理、更换必要的零件、更新设备提供技术依据。

②性能检查。由机电工务员对机电设备的各种功能进行全面检查和测定，以保持机电设备规定的性能。

□ 维修的方式

机电设备的维修一般有三种基本方式：

（1）事后维修。事后维修没有固定的维修周期，只有在机电设备发生故障造成停机后，才进行修理。实践证明，有些机电设备非关键性零件即使出现故障，也不会造成严重后果或影响安全生产，如某些密封件，对这类故障，没有必要进行预防维修。事后维修只适用于下列情况：

①机电设备出现故障，但不影响整个设备的安全性；

②偶然故障、故障规律不清楚，或虽属磨损故障，但事后维修更经济，特别适用于一些简单的、不重要的机电设备；

③机电设备可靠性高，故障概率很小，即使出现故障也不会影响生产任务或安全。

对上述机电设备，采用事后维修可以提高设备利用率，减少预防维修的范围和费用，避免不必要的拆卸、检查，不会影响继续使用、造成损失和浪费。

（2）定期维修。

①维修周期的确定。定期维修是以使用时间确定维修周期。只要设备使用到预定时间，不管机电设备技术状况如何，是否有故障，必须停机进行规定的维修或更换关键的零件。停机检修必然影响产量，因此确定维修周期十分重要。维修周期是根据故障统计资料，制造厂提供的设计资料如零件故障率、使用寿命，说明书及设备使用情况确定的。有时，为了不影响生产，有些定期维修常常安排在节假日，可能要比原来规定的维修时间提前或推后。因此，定期维修的关键是确定维修周期。更换零件时机太早，就会造成过剩维修，造成人力物力时间的浪费；更换不及时，又会影响使用，甚至造成严重后果。维修周期的确定，取决于机械零件磨损规律的了解和零件允许的故障率。

②零件的磨损规律。定期维修周期的确定是以零件的磨损理论为基础，以设备实际运行情况为依据。运用概率统计方法，可以将实际运行情况绘成零件磨损曲线，分析磨损曲线的规律以便进行维修。

设计错误、制造错误、安装错误等原因，都会影响到曲线的形状。零件故障可分为三个阶段：早期故障期、固定故障期和磨损故障期。曲线概括性地表示零件与时间相对应的故障曲线，也叫典型磨损曲线或寿命特性曲线。

○ 早期故障。通常表示设备装配后调整或试运行阶段的故障特征。零件装配后开始运转磨合的磨损特点是，在短时期内，磨损加快，故障较多，随着试运行中的调整和零件的磨合，故障逐渐减少并趋于稳定。早期故障通常是由于零件加工质量和安装精度上的缺陷所造成的。早期故障反映了设备的设计、制造和安装的技术水平以及调整人员的技术水平。新设备的试运转正是为了通过调整、保养纠正组装时造成的早期故障，缩短早期故障期，使设备尽快正常运行。对于大修后的设备，由于更换了新的零件，又会出现新设备初期出现的早期故障。

○ 固定故障期（偶然故障期）。设备正常运行后的故障特征属于正常磨损，故障率比较低，接近常数。发生故障的原因是由于超过设备设计强度的负荷偶然波动或其他偶然因素引起的。整个设备的故障率取决于各个零件的故障率。零件的可靠性越高，故障率越低，固定故障期越长，设备使用寿命越长，利用率越高。固定故障期反映了设计水平和制造质量，但与操作、日常保养和工作条件如负荷和作业环境等因素也有关。操作和保养不当或超负荷运行都会加速故障的出现。

○ 磨损故障期（耗损故障期）。机械零件经过长期运行的磨损，磨损强度急剧增加，零件配合间隙和磨损量急剧增加，破坏了正常的润滑条件，加上零件过热，超负荷运转，材料劣化等原因使零件进入极限状态，不能继续工作，甚至将出现事故性故障。在此阶段故障率随时间上升。一般应采取调整、维修和更换零件等措施来阻止故障率上升，延长设备或零件的使用寿命，防止发生事故性故障。

③适用范围。定期维修适用于下列情况：

○ 故障机理带有明显的时间相关性，其主要故障模式是磨损，且具有一定的规律性。

○ 在设备使用期内，根据零件磨损规律，可以预测即将发生故障的时间，较准确地掌握设备或零件的使用寿命。

○ 对一些很难检查和判断其技术状态的机电设备，定期维修是一种比较有效的方法。

这种维修方式的优点是容易掌握维修时间，计划组织管理工作比较简单明确。有较好的预防故障的作用，在保证设备正常、安全运行方面能起到积极作用。缺点是未能全面考虑磨损以外的其他故障模式以及使用、维修等因素所造成的故障。采取大拆大卸的方法，更换不必要的零件，不利于充分发挥零件固有的可靠性，由于增加重新装配的次数，有可能增加安装误差而使故障率增加，对于零部件较多、构造复杂、难以更换的部件，这种维修方式并不理想，结构越复杂，故障模式越复杂，更换或修理复杂的零部件越费钱和时间。

（3）状态监测维修（按需预防维修）。在对设备进行状态监测的基础上，根据设备实际运行情况确定各零部件的最佳维修时机和项目。这种维修方式适用于下列情况：

①属于磨损故障模式的零件，有一定的磨损规律，能估计出由量变到质变的时间。

②能制定评价零部件技术状态的标准，最适合于大型、贵重和关键性设备。

③零部件故障直接危及设备和人身安全，而且有诊断参数可以监测并可指示设备运行状态。

④有合适的监测和诊断手段。

状态监测维修是根据实际情况维修，有针对性、省时、省钱，可以最大限度发挥设备和零件的潜力，但需要较多的监测设备和较高的技术。在选择维修方式时，应根据企业的实际情况和经济条件，选择合适的维修方式。

c. 生产设备的维护与管理

生产设备是企业进行生产的物质基础，是企业重要的生产要素，也是企业的主要资产之一。生产设备的维护与管理必须在设备的养护基础上对生产设备进行综合的管理，包括设备的维修、选择、评估、使用、更新、改造等，其目的是使各种生产设备保持最佳运行状态，提高企业的生产效益。

机电工务员对生产设备管理的主要任务是，针对生产现场的运行特点，有效地加强设备管理，保持机器设备良好的技术状态，保持生产秩序，促进优质生产、低耗、高效、安全地进行。

□ 生产设备的维护

生产设备能否在其生命周期内良好地运转，除了合理使用外，在很大程度上还取决于设备的维护，如果维护工作做得扎实就能减少修理的次数和工作量。

（1）生产设备维护的类型。设备的维护也叫保养。目前较多的企业是实行"三级保养制"，即日常维护保养、一级保养和二级保养。三级保养的区别见表1—1。

表1—1

保养级别	保养时间	保养内容	保养人员
日常维护保养	每天的例行保养	班前班后认真检查，擦拭设备各个部件和注油，发生故障及时予以排除，并做好交接班记录	操作工人进行
一级保养	设备累计运转500小时可进行一次，保养停机时间约8小时	对设备进行局部解体，清洗检查及定期维护	操作工人为主，维修工人辅助
二级保养（相当于小修）	设备累计运转2500小时可进行一次，停修时间约为32小时	对设备进行部分解体、检查和局部修理、全面清洗的一种计划检修工作	维修工人为主，操作工人参加

（2）生产设备维护的重点。设备维护的主要目的是使设备经常保持整齐、清洁、润滑、安全，以保证设备的使用性能和延长修理间隔期，而不是恢复设备的精度，其重点是润滑、防腐与防泄漏。

①润滑管理。设备的润滑管理，认真执行润滑"五定"（定点、定质、定量、定期、定人），能有效地减少摩擦阻力和磨损，保护金属表面，使之不锈蚀、不损伤。这是保证设备正常运转、延长使用寿命、提高设备效率和工作精度的必要措施。

②防泄漏。防泄漏也是维修保养工作的重要内容之一。认真治理和防止设备的跑风、冒气、滴水、漏油，是一切设备的共同要求。

③防腐蚀。设备的腐蚀会引起效率和使用寿命的降低，影响安全运行，甚至会造成设备事故。特别是石化行业的生产装置，防腐、防泄漏更加重要。

（3）生产设备的技术检查。检查是设备维修中的一个重要组成部分，主要是对设备的运转情况、工作状态、工作精度、磨损或腐蚀程度等进行检查、测定和校验。通过有计划地检查，能全面掌握设备技术状态的变化。及时发现并消除隐患，避免急剧磨损和突发故障。并可针对检查发现的问题，提出改进维修的措施及办法，做好修理前的准备工作，以提高修理质量，压缩修理时间，提高设备完好率，还可为设备更新、改造的可行性研究提供数据资料。

设备检查一般可按时间间隔，划分为日常检查、定期检查和年终检查。

①日常检查。即每天的例行检查和交接班检查。日常检查由操作工人结合日保进行。对不正常的技术状况（如异响、剧震等）要及时反映，提出改进维修的意见。

②定期检查。指列入预防维修计划并按预定的检查间隔期，对设备的规定部位进行检查、测量，鉴定主要零部件的磨损或老化程度。定期检查由专职维修工结合二保（或一保）进行。

③年终检查，即年终前（四季度中）对主要生产设备进行一次普遍的检查。目的是掌握设备的技术状态，摸清存在问题，作为编制明年修理计划和做好明年修理准备工作的重要依据。

设备检查又可分为预防性检查和事后检查，对于多数有备用的设备和一般设备，可采取事后检查（即在发生故障进行修理时再检查其技术状况）。对于要求随时能开动的关键设备或重要生产设备，则应采取上述三种类型的预防性检查。为提高检查的经济性，可根据预防性检查系数，来确定是否应当进行预防性检查。

预防性检查系数是指设备在一年中可能发生的故障损失费用与年检查费用的

比值。预防性检查系数大于 1.5 的设备，原则上应列为预防检查的对象，小于 1.5 的设备则可列入事后检查。

按照检查的内容，一般有性能检查、精度检查和完好状态检查等。性能检查是对设备的各项机能进行检查和测定，如有无泄漏、腐蚀、划伤，零件的耐压耐热性能及能否完成规定的功能等。精度检查是对设备的各项工作精度进行检查测定，确定设备的实际精度。机床的实际精度可用机床精度指数（T）表示，T 值是设备进行验收、修理和更新时的重要依据

□ 生产设备的修理

生产设备的修理包括各类计划修理和计划外的事后修理，是修复由于正常的或不正常的原因而引起的设备损坏，其实质是对有形磨损的局部补偿。修理的基本手段是修复和更换。

（1）制订修理计划。设备修理计划是企业经营计划的重要组成部分，与生产、技术、财务计划密切关联。企业根据设备在生产中的地位和实际开动时或技术状态，以及零件的磨损规律、使用情况、监测数据等，制定对策性的修理计划。

①确定修理计划的主要内容。设备修理计划的主要内容，是确定计划期内的修理对象、类别、内容、日期、工时、停机时间及所需用的物资器材、费用等，其需要的各种修理定额标准大致有修理周期、修理间隔期、修理周期结构、修理复杂系数、修理劳动量定额和修理费用定额等。

○ 修理周期。修理周期是指相邻两次大修之间的工作时间，或新设备从开始使用到第一次大修的工作时间（用实际开动台时或产量表示）。修理周期是根据设备结构、工艺特性、生产类型、零件允许磨损极限和维修水平等因素综合确定的。其中决定性的因素是主要零件的使用期限和工作班次。设备类型不同，生产条件不同，其修理周期就不同。

○ 修理间隔期。修理间隔期是指相邻两次修理（不论大、中、小修）之间的间隔时间，如上例中的 KM；MM；MC 等。间隔期主要根据设备的实际开动台时和易损件的使用期限、日常维护、检查的情况确定。

○ 修理周期结构。修理周期结构是指一个修理周期内应该采取的各种计划检修的类别、次数和顺序。不同的设备或不同的修理制度，可以有不同的修理周期结构。例如：重量在 10 吨以下的轻型和中型金属切削机床的修理周期和修理周期结构如图 1—1 所示。

○ 修理复杂系数。修理复杂系数（用符号 F 表示）是衡量设备修理复杂程

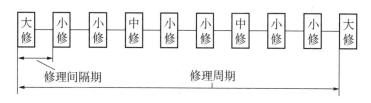

图 1—1

度的假设单位，它由设备结构的复杂程度、规格、尺寸、工艺特点和维修性等因素决定。设备愈复杂、精度愈高、尺寸愈大，其修理复杂系数就愈大，所耗用的修理工作量也愈大。通常选择中心高 200mm，顶尖距 1000mm 的 C620 车床作为标准，将其修理复杂系数定为 10。其他机床的复杂系数，都与标准机床进行比较而确定。电气设备的修理复杂系数是以额定功率为 0.6kw 的防护式异步鼠笼电动机为标准，规定其修理复杂系数为 1（DF＝1），其他电气设备的修理复杂系数则与此标准对比确定。

○ 修理劳动量定额。修理劳动量定额即修理工时定额，是指企业为完成设备的各种修理所需要的劳动量，通常用一个修理复杂系数所需的工时数来表示。通常以完成一个修理复杂系数的大修钳工为 40 小时，机加工为 20 小时，其他工作为 4 小时，总时为 64 小时。修理复杂系数的工时定额是根据统计资料、测定资料、生产水平、技术条件和修理特点等具体确定的。条件不同，定额也就不同。有了修理劳动定额之后，就能计算各种设备的总劳动量，以及计算出所需要的修理工人数和修理费用。

○ 修理停歇时间定额。修理停歇时间定额，是指从设备停机修理到完毕，经验收后重新投产所经历的时间标准，它是根据设备的修理复杂系数确定的。

停歇时间工作日（T）＝［设备的修理复杂系数（F）×一个复杂系数的修理劳动量定额小时（t）］÷［一个班内同时修理该设备的人数（L）×每班工作时间小时（g）×工作班次（m）×修理工时定额完成系数（k）＋其他停机时间（T_0）］

○ 修理费用定额。修理费用定额是指设备修理所发生的费用（包括料、工、费等）定额，是根据修理复杂系数和修理劳动量结合企业的具体情况而确定的。例如，规定一个修理复杂系数的大修费用定额为 300 元。

②编制修理计划。有以上定额参数标准，生产主管就可以编制修理计划。设备的修理计划一般可分为年度、季度和月度计划。年度计划又可分为车间的年度修理计划，主要设备的大、中、小修计划和高、精、尖、特种设备的大修理计划等。

年度计划大体上对计划期需要修理的设备数量、修理类型和修理时间作出安排，具体的修理项目、修理工作劳动量和修理停歇时间等，则在季度和月度修理计划中详细安排。确定年度修理计划的主要依据，是设备的实际运转台时和技术状况。根据有关维修记录、故障分析、检查资料和年度生产大纲和预先制定的各种修理工作定额，由设备管理部门提出年度修理计划，交计划部门进行综合及平衡。

季度修理计划是年度修理计划的执行计划。根据设备当时的技术状态和工作条件，结合本季度生产经营的需要和可能，具体确定修理内容、修理劳动量和修理停歇时间。

月度修理计划是具体的作业计划。根据上月修理任务的完成情况和修理前准备工作的落实情况，以及设备的实际开动台时、零件磨损程度等结合本月份的生产任务，具体确定本月份的修理对象及其修理项目、修理日期、修理进度和修理人工数等内容。

编制修理计划，要注意修理计划与生产计划之间、修理任务与修理能力之间、季与季、月与月之间的统筹平衡。要优先安排对产量、质量、成本、交货期、安全卫生和劳动情绪影响大的重点设备与关键设备，并要充分考虑生产技术准备工作的工作量、进度和能源供应等因素的制约。

(2) 修理的组织实施。为保证修理计划的实施，提高修理效率和质量，减少修理费用，应尽量采用各种先进的技术组织方法。常用的设备修理的技术组织方法，有如下几种：

①部件修理法。以设备的部件为修理单元，修理设备时整个拆下所需修复的部件，换上同类备用部件。这样能大大缩短修理停歇时间，但需要有相当的储备部件，占用一定的流动资金。故此多用于流水线设备、动力设备、关键设备和数量多的同类设备。

②分部修理法。将一台需要修理的设备分成几个相对独立的部分，按一定的顺序分期分批安排计划修理，每次只修一个部分。这样能化整为零，见缝插针，利用节假日或非生产时间进行修理，以增加设备的生产时间，提高设备利用率。此法比较适用于结构上具有相对独立部件的设备以及生产任务重、修理时间长的设备。

③同步修理法。将在生产工艺上紧密关联的几台设备安排在同一时期修理，实现修理同步化。与分别修理比较，这种方法所占用停机时间要少得多，减少修理停机的损失。

同步修理法比较适用于流水线设备和联动设备中的主机与辅机及其配套设备

等。同步修理法的另一种含义是将使用寿命接近的若干零件安排在同一时期修理或更换。

（3）修理的制度与方法。目前，我国工业企业现行的设备修理制度与方法，大致有计划预防修理制、计划保养修理制、预防维修制和全员生产维修制等。

①计划预防修理制。计划预防修理制（简称计划预修制），是以设备故障理论和磨损规律为依据，对设备有计划地进行预防性的维护、检查和修理的一种维修制度。计划预修的内容包括日常维护、定期清洗（及换油）、定期检查和计划修理。

计划修理，按照对设备性能的恢复程度，可分为大修、中修和小修三种。其工作内容举例见表1—2。

表 1—2

项　　目	大修理	中修理	小修理
拆卸分解程度	机床全部拆卸分解	拆卸分解需要修理的部位	部分拆检零部件
更换与修复程度	修理基准件，现换或修复主要大型零件及所有不符合要求的零件	修理主要零件、基准件，更换或修复部分不能使用至下次修理时间的零件	清理积屑，调整零件间隙与相对位置，更换不能使用至下次修理时间的零件
导轨刮削程度	全部刨削、磨削或刮削	刮削、磨削导轨的30%～40%	局部修理或填补划痕
精度要求	恢复原有精度，达到出厂标准或精度检验标准	主要精度达到工艺要求，个别精度难以恢复时，延至下次大修中解决	对工件进行加工试验，达到工艺要求
喷漆要求	全部内外打光，刮腻子，喷漆	喷漆或补漆	不进行
工作量比率	100%	约56%	约18%

计划修理的方法一般有标准修理、定期修理和检查后修理等三种。

〇 标准修理。根据零件的磨损规律和使用寿命，事先规定设备的修理日期、类别、内容和工作量，届时不管设备的实际技术状况如何，都必须严格按照计划规定进行修理。标准修理一般仅适用于必须保证安全运行的关键设备或生产自动线设备。

○ 定期修理。根据设备的实际使用情况，并参照有关检修定额标准，预先订出大致的修理日期、类别和内容，届时再根据修理前检查的结果，具体确定修理时间、项目和工作量。定期修理有利于降低修理费用，提高修理质量，应用比较普遍。

○ 检查后修理。根据零件的磨损资料，制定设备检查计划，预先规定检查的次数和日期，届时再根据检查结果编制修理计划，具体确定修理时间、类别和修理工作量等。

②计划保养修理制。计划保养修理制（简称计划保修制），是有计划地对设备进行一定类别的保养和修理的一种维修制度，一般由三级保养和大修理组成。计划保修明确规定了各种维护保养和大修理的周期、内容和要求。到了计划规定期限，就必须按规定进行强制保养（包括日保、一保和二保）并按计划进行检查和大修。

计划保修制能较好地贯彻以防为主、保修并重和专群结合的原则，并通过一定的制度将操作工和维修工结合到一起，有侧重、有分工，共同保证设备的完好状态。我国的机械、交通等行业在设备维修中多采用计划保修制，取得了较好的效果。但强制保养和计划大修的执行，必然造成某些设备或某些部位的维修不足或维修过剩，故此，还有待进一步完善和提高。

③预防维修制。预防维修制，是由多种维修方式有机结合组成的一种综合性的维修制度。它根据不同的故障类型以及维修费用与故障损失等因素，在不同阶段，对不同对象采用不同的维修方式（见图1—2）。

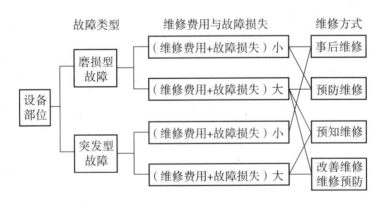

图1—2

B　机电工务员的岗位职责

机电工务员的岗位职责如下：

（1）对车间设备进行综合管理，运用所学的知识，对设备的安装使用、维修保养、大修理更新改造直至报废的全过程实行综合管理，使设备寿命周期费用最佳。

（2）按照设备 ABC 分类管理规定，对车间主要设备大修理，更新改造计划进行评审并交有关主管审核。

（3）了解企业主要设备操作规程、维护保养规程、大修理规程。

（4）参与企业重要设备的备品、备件的定额审查工作。

（5）负责车间设备管理报表的统一制定及上报工作。

（6）参加车间年度设备管理评比工作，根据企业的评审标准进行检查、考核及评选工作。

（7）负责车间机动设备的润滑和技术指导。

（8）对车间电力设备进行管理、维修。

（9）对企业生产、生活供水设施进行日常检查、管理与维修。

（10）对违章供电及管理混乱情况有权检查及时上报。

（11）参加制定和修改主要通用零配件的储备管理标准、消耗定额。

（12）经常了解和掌握各班组通用机械的使用情况，零配件储备及消耗情况。

（13）贯彻电气操作规程，协同车间安全员对机电设备安全进行监督和检查，合理使用保养机电设备，保证正常运行。

（14）参与或会同有关人员对机电设备事故及人身安全事故的处理工作，制定防止事故发生的措施。

（15）了解和掌握各车间机电设备的技术状况和运行动态，完成车间预防性试验和检修任务。

（16）按季、年对机电设备状况进行全面分析并写出设备状况总结报告。

（17）不断加强培训，使员工掌握各类机电设备的维修管理知识。

第 2 章　电工基础知识

你将掌握的内容

>> A　导线的选择

>> B　电气线路敷设

>> C　导线连接与固定

>> D　照明设施安装

>> E　用电安全技术

机电工务员在工作中，经常要与各种电气设备打交道，为了用电的安全，机电工务员必须了解一些用电技术的常识。

A　导线的选择

按照导线的金属材料，导线可分为铜、铝、铁三种。铜导线电阻最小，导电性能最好；铝导线电阻比铜导线大，但价格低，也广泛应用；铁导线电阻最大，但机械强度好，能承受较大外力。

导线有单股和多股两种，一般截面积在 6 平方毫米以下为单股线，截面积在 10 平方毫米及以上为多股线。多股线是由几股或几十股绞合在一起形成一根的，有 7 股、19 股、37 股、61 股等。

导线又分为裸导线和绝缘导线，软线和硬线。

裸导线主要用于室外架空线路，变配电装置、天车滑触线和一般干燥的场所内。

绝缘导线是在导线芯线外面，包有绝缘材料（如：棉纱、橡胶、玻璃丝、塑料等）。绝缘导线中还有一类是电缆。

导线的截面主要根据导线的连续允许电流（既安全载流量）、线路允许电压损失、导线的机械强度三个条件进行选择，电缆线路还应校验热稳定。

按照以上条件选择导线截面的结果，在同样负载电流下可能得出几个不同截面数据，此时，应当选择其中最大的截面。

动力线路按连续允许电流选择的截面是较大的。

照明线路按电压损失或机械强度选择的截面是较大的。在选择截面时，可先按截面较大的进行选择，然后再进行校验，选出最合理的导线截面。

只有选择最合理的导线截面，才能达到安全运行，降低电能损耗，减少运行费用的目的。

☐ 线路中电流的计算

（1）电灯、电热（照明回路中若镇流器多，应当考虑 $\cos \phi$）。

$$单相：I = \frac{P}{U}$$

$$三相：I = \frac{P}{\sqrt{3}U}$$

式中：I——电流（A）；

　　　P——线路中总功率（W）。

（2）电动机：

$$单相：I_e=\frac{K_W\times10^3}{U\cos\phi\eta}$$

$$三相：I_e=\frac{K_W\times10^3}{\sqrt{3}U\cos\phi\eta}$$

式中：I_e——额定电流（A）；

　　　U——相电压（v）；

　　　K_W——额定功率；

　　　η——效率（单相 0.75，三相 0.85）；

　　　$\cos\varphi$——功率因数（单相 0.75，三相 0.85）。

□ 按连续允许电流选择导线截面

电流通过导线时，导线由于电阻的存在就会发出热量，电流越大，发热也越大，如果导线发热超过一定限度时，其绝缘物就会迅速老化、损坏，严重时要发生火灾事故，因此必须限制导线发热升温的程度，按导线敷设的方式不同，环境温度不同，允许的载流量也不同。通常把允许通过的最大电流值称为连续允许电流值，也称作安全载流量。所以在选择导线时，可依据用电负荷，参照导线的规格型号及敷设方式选择导线截面。

□ 根据机械强度选择导线

导线安装后和运行过程中，要受到外力的影响，如导线本身的自重、不同的敷设方式、支持点距离的不同、导线受到的张力的不同，如果导线不能承受张力作用，就会造成断线停电。在选择导线时，必须考虑导线的机械强度。

（1）室内线路最小允许截面。

①敷设在绝缘支持件上的绝缘导线：铜线 $1mm^2$，铝线 $2.5mm^2$。

②敷设在绝缘支持件上的裸导线：铜线 $2.5mm^2$. 铝线 $4mm^2$。

③穿管敷设绝缘导线：铜芯软线 $1mm^2$，铜线 $1mm^2$. 铝线 $2.5mm^2$。

④槽板内敷设的绝缘电线：铜线 $1mm^2$，铝线 $2.5mm^2$。

⑤塑料护套线敷设：铜线 $1mm^2$，铝线 $1.5mm^2$。

（2）室外架空线路最小允许截面。

①挡距在 10m 以内：铜线 $2.5mm^2$，铝线 $6mm^2$。

②挡距在 25m 以内：铜线 6mm²，铝线 10mm²。

③挡距在 40m 以内：铜线 110mm²，铝线 16mm²。

④挡距在 40m 以外时：应根据导线机械强度适当加大截面。

⑤架空线路跨越铁路，主要干道、管道的挡距内：铜线 16mm²，铝线 35mm²，且导线不应有接头。口按电压损失选择导线截面

（1）允许电压损失。

①住宅用户，由变压器低压测至线路末端，电压损失应小于 6%。

②电动机在正常情况下，电动机端电压与其额定电压不得相差 ±5%。

（2）电压损失计算。由于电压损失与用电负荷和供电线路长度成正比，与导线的截面积成反比，所以在一定负荷及一定的供电线路长度下，导线的截面不能太小，否则就会超出电压损失允许值。

单相制：

$$S=\frac{2PL}{\gamma\ (220)^2\Delta U\%}\times 100\ （mm^2）$$

三相四线制：

$$S=K\frac{PL}{\gamma\ (380)^2\Delta U\%}\times 100\ （mm^2）$$

式中：P——用电设备功率（W）：

L——导线长度（m）；

γ——导线导电率（$\gamma_{铜}=54m/mm^2\cdot\Omega$　$\gamma_{铝}=32m/mm^2\cdot\Omega$）；

$\Delta U\%$——电压损失百分数；

K——校正系数（查手册）。

B　电气线路敷设

室内配电可分为明敷和暗敷两种。明敷：沿墙壁，天花板表面、桁梁、屋柱等处敷设。暗敷：在抹灰层下面，屋面板内，地板内和墙壁内等处暗管敷设。

室内的电气安装和配线施工，应做到安全、可靠、经济、便利、美观。

a. 夹板配线

夹板（瓷夹板，塑料夹板）配线，一般适用于正常环境的室内场所和挑檐下

的室外场所。由于在室外便用夹板配线会受到雨和雪的侵入易造成漏电，所以，只能敷设在雨、雪不能侵入到导线的地方（屋檐下、敞篷内等）防止发生电气事故。

（1）夹板配线敷设的导线应平直、无松弛现象。每挡导线应拉紧，为避免损伤导线的绝缘层，转弯处不可弯成硬角，并应在转弯、分支和进入电气器具处加设夹板固定，距转弯中心 40～60mm。

（2）为了防止导线间和导线与建筑物间相互摩擦，损坏绝缘，造成短路事故，当两条线相互交叉时，应将其中靠近建筑物的导线穿入绝缘管内。

（3）线路应尽量沿房屋的墙壁、横梁、墙角等处敷设，并应在夹板中间接线，不得将电线接头压在夹板内，夹板固定点距离：线芯截面 $1～4mm^2$，不应大于 70cm；$6～10mm^2$，不应大于 80cm。

（4）夹板配线水平敷设时，距地室内应在 2.5m 以上，室外 2.7m 以上。接到开关或插座时，不应低于 1.3m。电线穿墙时，应穿绝缘管。电线穿过楼板时，在距地 1.3m 的部分穿绝缘管保护，防止电线受机械损伤，漏电伤人。

（5）导线绕过横梁柱头时，必须适当加垫夹板，以保证导线与建筑物表面有一定距离（不得小于 5mm）。

b. 瓷珠和瓷瓶配线

瓷珠（瓷柱）和瓷瓶配线适用于室内、外的明配线。室外瓷瓶不应倒装。

（1）固定绝缘导线的绑扎线应有绝缘层，绑扎时不得损伤导线的绝缘层。

（2）室外墙面上采用瓷珠及瓷瓶直接固定时，其固定点间距离不应超过 2m。

（3）室外配线跨越人行道时，导线距地面高度不应低于 3.5m，跨越通车道路时，不应低于 6m。

（4）室内沿墙壁，顶棚敷设时，其固定点距离见表 2－1。

表 2－1

允许最大距离 (mm) 配线方式	线芯截面（mm^2)				
	1～4	6～10	16～25	35～70	95～120
瓷柱配线	1 500	2 000	3 000		
瓷瓶配线	2 000	2 500	3 000	6 000	6 000

（5）用瓷珠和瓷瓶配线的绝缘导线最小线间距离见表 2—2。

表 2—2

固定点间距	导线最小间距（mm）	
	室内配线	室外配线
1.5m 以下	35	100
1.5～3m	50	100
3～6m	70	100
6m 以上	100	100

（6）瓷珠配线时，在转变、分支和进入电气器具处加设瓷珠固定，与转弯中心、分支点和电气器具边缘的距离为 60～100mm。

c. 裸导体配线

裸导体配线一般适用于工矿企业厂房内及变配电（室）内使用。

（1）无遮护的裸导体至地面的距离，不应小于 3.5m，采用网状遮栏时，不应小于 2.5m。

（2）裸导体与需要经常维护的管道同一侧敷设时，裸导体应敷设在管道的上面。

（3）裸导体与需要经常维护的管道（不包括可燃气体及易燃、可燃液体管道）净距不应小于 1m。与生产设备净距不应小于 1.5m。

（4）裸导体的线间及裸导体至建筑物表面的最小距离：

固定点距离在 2m 以内时，为 5cm。

固定点距离在 2～4m 时，为 10cm。

固定点距离在 4～6m 时，为 15cm。

固定点距离在 6m 以上时，为 20cm。

裸导体固定点的间距，应符合在通过最大短路电流时的动稳态要求。

（5）天车上方的裸导体至天车辅板的净距不应小于 2.2m，否则在天车上或裸导体下方装设遮栏防护。

（6）配电装置室内裸导体与各部分净距要求，见有关资料。

d. 穿管敷设

□ 钢管敷设

钢管布线一般适用于室内、外场所，但对钢管有严重腐蚀的场所，不宜采用。

在建筑物的顶棚内，宜采用钢管敷设。

（1）明敷于潮湿场所、防爆环境和埋于地下的钢管，均应使用存壁钢管。

（2）交流回路中不许将单根导线单独穿于钢管内，以免产生涡流发热。所以，同一交流回路中的导线，必须穿于同一钢管内。

（3）钢管必须有可靠的接地（接零）保护。

钢管与钢管、钢管与配电箱及接线盒等连接处应做跨线连接成整体。

（4）钢管不应有折扁和裂缝，管内无铁屑及毛刺，管口应平整光滑，避免导线穿管时损伤绝缘层。

（5）防止钢管口磨损导线，同时也防止杂物落入管内，管口应加防口。

（6）室外或潮湿的场所内，明管管口应装防水弯头，由防水弯头引出的导线应套绝缘保护管，经过弯成防水弧度后再引入设备。

（7）埋地线管出地面时，管口距地面高度不宜低于 200mm。

（8）金属软管（蛇皮管）敷设要求：

①金属软管与钢管或设备连接时，应使用软管接头连接，不得使用绑扎方法连接，以免脱落损坏导线，发生事故。

②金属软管应用管卡固定，固定点间距不应大于 1m。

③由于金属软管的管壁薄易折断，而且经常拆卸，不能利用其用做接地（接零）导线。

□ 塑料管敷设

（1）硬塑料管耐腐蚀，适用于室内有酸、碱等腐蚀介质的场所，但怕阳光直射，容易老化破碎，高温场所易变形，故不得在高温和易受机械损伤的场所敷设。

（2）硬塑料管的连接处应用胶合剂粘接，接口必须牢固、密封。

C　导线连接与固定

导线接头是线路的薄弱环节，如果接头接触不良或松脱，其接触电阻就会增大，使接头处过热，以致损坏绝缘，甚至造成触电或火灾事故。

导线的连接有铰接、焊接、压接、螺栓连接等，各种连接方法，适用于不同的导线截面及工作地点。导线连接一般按以下四个步骤进行：剥削绝缘层，导线线芯处理，接头连接，绝缘层的恢复。

a. 导线连接方法

□ 导线连接基本要求

（1）接触要紧密，接头电阻小，稳定性好，与同长度同截面导线的电阻比应小于1。

（2）接头的机械强度不小于导线机械强度的80%。

（3）耐腐蚀，对于铝导线与铝导线的连接，如采用熔焊法，要防止残余熔剂或熔渣的化学腐蚀。对于铝导线与铜导线连接，要防止电化腐蚀。

（4）接头的绝缘强度应与导线的绝缘强度一样。

□ 导线的切割方法

按照接头的方法和导线截面的不同，决定削剥绝缘层的长度。削剥方法常用单层剥法、分段剥法和斜削法三种。

单层剥法适用于塑料绝缘线；分段剥法和斜削法，适用于橡皮线、护套线等。切剥时，不可割伤芯线，否则，会降低其机械强度，且会因导致截面减少而增加电阻，减少安全载流量。

□ 裸线头处理

（1）硬线表面有氧化层的，要用细砂布或锐角器具除掉。

（2）软线剥皮后，要把多股拧绞在一起。

（3）100mm² 以上多股硬线的，剥后要把每股拉直，并分叉。

（4）电力电缆分层剥皮后，要用汽油或酒精擦拭每根芯线，去净铜

（铝）沫。

(5) 需要锡焊连接的，要事先镀上一层锡。

(6) 铝芯线用钢丝刷除去氧化膜，涂上一层中性凡士林。

□ 铜导线连接

(1) 单股铜芯导线的连接。

①单股铜芯导线的直接连接。

②单股铜芯导线的丁字分支连接。

(2) 合股铜芯导线的连接。

①合股铜芯导线直接连接。

②合股铜芯导线丁字分支连接。

□ 铝导线连接

由于铝导线极易氧化，铝氧化膜的电阻率很高，所以铝芯导线不宜采用铜芯导线的方法进行连接（但小截面铝导线有时仍采用）。铝芯导线一般常采用螺钉压接法和压接管压接法连接。

(1) 螺钉压接法连接。螺钉压接法适用于负荷较小的单股铝芯导线的连接。如用瓷接头连接时，把四个线头相对应插入两个瓷接头的四个接线桩上。

如果分支连接时，要把支路导线的两个芯线，分别插入两个瓷接头的两个接线桩上。

(2) 压接管压接法连接。压接管压接法适用于较大负荷的多根铝芯导线的直线连接，应根据导线截面选择铝压接管。

当两根导线线端相对穿入压接管，应使线端穿出压接管 25～35mm。压接坑的距离应符合技术要求。

□ 线芯与接线桩连接

各种电气设备上，均有接线桩供连接导线用，要求接触面紧密，接触电阻小，连接牢固，不致因时间长而松动脱落。

(1) 线芯与针孔式接线桩连接。在针孔式接线桩接线时，如果单芯线径与接线桩插孔大小适宜，插入针孔后旋紧螺钉即可。芯线较细，要把芯线折成双根，再插入针孔。多根细丝软线，必须先铰紧，再插入针孔，孔外不许有细丝外露，以免发生事故。

(2) 线芯与螺钉平压式接线桩连接。在螺钉平压式接线桩接线时，小截面单芯线径，则把芯线弯成羊眼圈，其方向应跟螺钉旋转方向一致。通过垫圈压紧导线。

（3）线芯与瓦形接线桩连接。将单芯线端，按略大于瓦型垫圈螺钉直径弯成 U 形，螺钉穿过 U 形孔，压在垫圈下旋紧。

（4）多股线芯压接圈连接。将线芯线头 1/2 从根部铰紧，然后在铰紧部分的 1/3 处弯曲圆圈，把已弯成的压接圈最外侧几股折成垂直状，按直线接法连接。

（5）线芯与接线端子连接。导线截面大小 10mm^2 时的多股铜线或铝线，都必须先在导线端头作好接线端子，再与设备相连接。

铝导线与铜接线端子连接，应使用铜、铝过渡专用接线鼻子。

b. 导线固定方法

□ 夹板固定方法

（1）定位。按施工图确定灯具、开关、插座等电气器具的安装位置，再确定导线敷设位置、穿过墙壁和楼板位置以及起始、转角和终端夹板的固定位置，最后再确定中间夹板的安装位置。

（2）画线。画线可采用粉线袋，也可采用有边缘，有尺寸的木板条。画线时，沿建筑物表面由一端向另一端划出夹板安装线路。在每个开关、灯具、插座，固定点的中心处划上一个"×"号。室内已粉刷的要注意不要弄脏建筑物表面。

当导线截面为 1～2.5mm^2 时，夹板固定点间最大允许距离为 0.7m。当导线截面为 4～10mm^2 时，夹板固定点间最大允许距离为 0.8m。

（3）凿眼。按画线定位进行凿眼。

（4）埋设紧固件。目前普遍采用特制的塑料胀管代替了木钉。

（5）埋设保护管。穿墙绝缘管或过楼板钢管，最好在土建时预埋，以减少凿孔眼的工作量。穿墙绝缘管可采用塑料管代替瓷管使用。

（6）固定夹板。先把夹板用合适木螺钉固定在位置上，但不要拧紧。

（7）敷设导线。如果线路较长，数量较多，可用专门的放线架将整盘导线放在放线架上，将导线拉直。如线路较短，可采用人工放线的办法，但导线要事先拉直。

夹板上敷设导线时，先将导线的一端固定在瓷夹板内拧紧，然后用抹布或改锥（旋凿）勒直导线。以后每隔 3～4 副夹板，把导线分别嵌入夹板的线槽内，并抽紧导线，用改锥（旋凿）把夹板上的螺丝旋紧，最后旋紧所有夹板。

□ 瓷瓶配线固定方法

瓷瓶配线，导线截面小的一般采用瓷珠瓷瓶，导线截面大的一般采用鼓形瓷瓶配线。

瓷瓶配线的定位、画线、凿眼和埋设坚固件的方法与夹板配线的方法相同。

在瓷瓶上敷设导线，也应从一端开始，先将一端的导线绑扎在瓷瓶的颈部，如果导线弯曲，应事先调直，然后将导线的另一端收紧，绑扎固定，最后把中间导线也绑扎固定。

□ 槽板配线固定方法

槽板配线工作，一般在抹灰和粉刷层干燥后进行。

槽板配线的定位和画线方法与夹板配线的方法相同。

选好线路的敷设路径后，根据每节槽板的长度，事先锯好槽板，并在底槽板中间打好孔。测定槽板底槽固定点的位置（一般在底槽板的两端离端口 20mm 处各测定一个固定点，然后按间距 500mm 或以下，均匀地测定中间固定点）。

（1）槽底板固定。在安装槽板的固定点上依次用木螺钉固定牢固。两块底板相连时，应把端口锯平或锯成 45°斜面，使宽窄都对准。

（2）敷设导线。槽底板固定好后，即可在线槽内敷设导线。当导线敷设到灯具开关和插座等处，一般要留出 100mm 出线头，以便连接。

（3）固定盖板。这一工作应与敷线同时进行，边敷线，边将盖板固定在底板上。盖板结合处要保持美观。盖的接口处要与槽底板接口错开。

□ 塑料护套线配线固定方法

（1）画线定位，先确定线路走向，各用电器的安装位置，然后用粉线袋画线，同时按护套线的安装要求，每隔 150～200mm，划出钢钉线卡的位置。距开关、插座和灯具的木台 50mm 处，都需设置钢钉线卡位置。

（2）凿眼并安装木楔，如果是混凝土的梁或墙，应事先凿孔，嵌入木楔。砖墙可直接打入。

（3）敷设导线。为了使护套线敷设得平直，可由两人在两端扯直，一人顺序打入卡钉。如果线路较长，或有数根塑料护套线平行敷设，可分段进行。垂直敷设时，应自上而下进行。

c. 接头绝缘处理

导线连接好后，均应用绝缘带包扎，恢复后的绝缘强度不应低于原有绝缘层。一般用黄蜡带、涤纶薄膜带、黑胶布和塑料包布，作为恢复绝缘层的材料，包扎方法如图 2—1 所示。

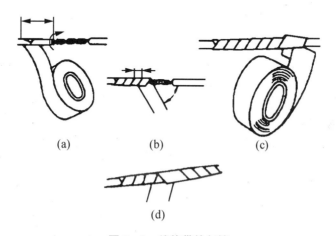

(a)　　　　　(b)　　　　　(c)

(d)

图 2—1　绝缘带的包缠

（1）应先用黄蜡带或涤纶带紧缠两层，然后用黑胶布带缠两层。缠绕时采用斜叠法，每圈压叠带宽 1/2。第一层绕完后，再另一斜叠方向缠绕第二层。

（2）包缠绝缘带时，不能过疏，更不允许露出芯线，以免造成触电或短路事故。要用力拉紧，包缠要紧密、坚实，并黏结在一起，以免潮气侵入。

（3）低压线路只用黑包布做绝缘恢复时，要至少包缠四层。室外要包缠六层。室外禁止使用塑料包布包在最外面，以防日晒开脱。

D　照　明　设　施　安　装

a. 灯具的选择

（1）干燥场所。广泛采用配照型、广照型、深照型灯具，个别冷加工场所可采用碘钨灯或荧光灯。13m 以上较高厂房可考虑采用镜面深照型灯具。一些辅助设施,如控制室、操作室等可考虑采用圆球形工厂灯,乳白玻璃罩吊链灯、吸顶灯、天棚顶灯、软线吊灯和荧光灯等。一般反射背景较好的小房间,如变压器室、电抗室等可采用墙灯座。

(2)尘埃较多或有尘又潮湿的场所。应用各种防水、防尘灯具,灯具悬挂高度很高,可采用带防水灯头的配照型、深照型以及投光灯具等。

有尘埃但工作要求精度的场所,如木模型车间等亦可采用双罩型工厂灯、圆球形工厂灯,或采用带裸磨砂灯泡的防水灯头。

(3)潮湿场所。地下泵房,隧道和地沟等,应视具体情况采用各种防潮灯。如有水蒸汽,但蒸汽密度不大的场所,可采用散照型防水防尘灯或圆球形工厂灯,也可采用带防水灯头的开启式灯具或防水灯头灯座等。

如果水蒸气特别大,宜采用投光灯远照或带反射罩灯具,装于加密封玻璃板的墙缝内等其他安全方式。

(4)含有酸性气体的场所。采用耐腐蚀性的防潮灯或其他密闭灯具,如果厂房较高,而耐腐蚀性的防潮灯不能满足工作照度要求时,亦可采用带防水灯头的配照型或深照型等灯具。

(5)有爆炸性气体或爆炸性尘埃的场所。

属于Q—1类(如:汽油库、乙炔发生站、电石库等),采用隔爆型灯具,或采用带反射罩灯具装于密封玻璃板的墙缝内。

属于Q—2类(如:煤气站、机械房、蓄电池室等),采用安全型灯具。

(6)高温场所。温度较高的场所(如:炼铁车间出铁场,炼钢车间铸锭间等),采用投光灯斜照,或与其他灯具配合。

(7)易发生火灾危险的场所。如润滑油库或其他可燃性物质的场所,可采用密闭型灯具。

(8)局部加强照明的场所。应按具体场所而定。一般仪表盘、控制盘,宜采用斜照型工厂灯、圆球形工厂灯或荧光灯等。小面积检验场所等可装荧光灯、碘钨灯、工作台灯,或其他局部照明灯具。大面积检验场所,可采用投光灯、碘钨灯等。

(9)室外场所。一般道路可采用马路弯灯,较宽的道路及要道处等可采用高杆式路灯,或其他形式的路灯。

(10)生活用电场所。采用的灯具须按照使用要求而选择相应的灯具。一般采用软线吊灯、荧光灯、吸顶灯等。

b. 照明设备安装要求

（1）一般照明电源对地电压不应大于 250V。在危险性较大及特殊危险场所，如灯具离地面高度低于 2.5m 时，应有保护措施或使用安全电压为 36V 及以下的照明灯具。

（2）室外照明灯具安装高度不低于 3m（墙上安装可不低于 2.5m）。

（3）使用螺口灯头时，中心触点应接在相线上，灯头的绝缘外壳不应有损伤，螺口白炽灯泡金属部分不准外露。

（4）吊链灯具的灯线不应受拉力，灯线与吊链编叉在一起，软线吊灯的软线两端应作保险扣，桥式天车行车上照明应采用挂钩柔性连接，采用钢管作灯具的吊杆时，钢管的内径一般不应小于 10mm。

（5）避免导线承受灯具的额外重量，防止脱落，发生事故。吊灯灯具的重量超过 3kg 时，应预埋吊钩和螺栓。软线吊灯限于 1kg 以下，超过者应加吊链。

（6）金属卤化物灯（钠铊铟灯、镝灯等）及碘钨灯，由于此类灯点燃后，温度较高，灯具安装高度宜在 5m 以上，且周围不要有易燃品，电源线应经接线柱连接，并不得使电源线靠近灯具的表面。

（7）由于灯泡的温度过高，在使用中玻璃罩常有破裂现象发生，为确保安全，安装在重要场所的大型灯具的玻璃罩，应有防止碎裂后向下溅落的措施。有较大冲击震动的厂房，灯具要有防脱落措施。

（8）在易燃、易爆、潮湿以及产生腐蚀性气体的场所使用的照明装置应符合其特殊的要求。

（9）各种照明灯具的聚光装置必须安全合格，不得使用易燃物或金属片代替，更不准用金属丝在灯口处捆绑。

（10）应接地（接零）的灯具金属外壳，要与接地（接零）干线连接完好。

（11）密闭式灯具内，灯泡容量超过 150W 时，禁止使用胶木灯口。

（12）行灯、机床、工作台局部照明灯具安全电压不得超过 36V，金属容器内或特别潮湿地点，安全电压不得超过 12V。

（13）行灯必须带有绝缘手柄及金属保护网罩，采用瓷灯口、橡套线。

（14）事故照明灯具应有特殊标志。

（15）照明支路容量不应大于 15A。并且要有短路保护装置。

（16）每个照明支路的灯具数量（包括插座）不宜超过 20 个，最高负载在 10A 以下时，可增加到 25 个。

（17）当电源由三相供电时，各照明支线应尽可能达到平衡，并按负载最大一相考虑选用导线。

（18）用梯子维护的照明灯具一般不应高于6m。

（19）变配电所内高、低压盘及母线的正上方，不得安装灯具（不包括采用封闭母线，封闭式盘、柜的变电所）。

（20）室外使用灯具要考虑防雨要求，装饰灯要考虑使用发热量小的。

c. 开关的安装要求

（1）使用单级照明开关（包括电门）时，应装在电源的相线上。

（2）拉线开关距地面一般在2～3m，距门框0.15～0.2m。

（3）其他各种开关安装一般高度为1.3m。

（4）成排安装的开关高度应一致，高低差不大于2mm，拉线开关相邻间距一般不小于20mm，生产厂房禁止用手电门或带电门灯口。

（5）多尘、潮湿场所和户外应用防水瓷质拉线开关，或加装保护箱。

（6）在易燃、易爆和特别潮湿的场所，开关应分别采用防爆型、密闭型或安装在其他处所控制。

d. 插销的安装要求

（1）交、直流或不同电压的插销安装在同一场所时，应有明显区别，且不能互相插入。插座线路，要有短路保护。

（2）插座安装高度一般距地面为1.3m，在托儿所、幼儿园及小学等不应低于1.8m，同一场所安装的插座高度应尽量一致。

（3）车间及试验室的明、暗插座一般距地面高度不低于0.3m，特别场所暗装插座一般不低于0.15m，同一室内安装的插座高低差不应大于5mm。

（4）舞台上的落地插座和生产车间装配线上的落地插座，应有保护盖板及防水功能。

（5）单相两孔插座，面对插座的右孔接相线，左孔接零线。

（6）单相设备应用三孔插座，三相设备应用四孔插座，保护地线（零线）接于正上孔，不允许工作线和保护零线共用一根导线。必须从接地干线上引下专用保护地线（零线）。

（7）暗设的插座（开关）应有专用盒，盖板应端正紧贴墙面。

（8）插座必须固定在绝缘板上安装，不允许用电线吊装，严禁电源在插头上使用。

（9）用插头直接带负载：电感性不应大于 500w，电阻性不应大于 2kW。

E　用 电 安 全 技 术

a. 安全电压

安全电压是指人体较长时间接触而不致发生触电危险的电压。

GB3805～33《安全电压》定义：

为防止触电事故而采用的由特定电源供电的电压系列，这个电压系列的上限值，在正常和故障情况下，任何两导体或任一导体与地之间均不得超过交流（50～500Hz）有效值 50V。

安全电压额定值为：42V，36V，24V，12V，6V。

空载上限值为：50v，43V，29V，15V，8V。

□ 安全电压对供电电源的要求

（1）安全电压的特定电源是指单独自成回路的供电系统，该系统与其他电气回路包括零线和地线，不应有任何联系。

例如专有的发电机、双线圈安全隔离变压器都可作为安全电压电源。

（2）使用变压器做电源时，其输入电路和输出电路要严格实行电气上的隔离，二次回路不允许接地。为防止高压窜入低压，变压器的铁心（或隔离层）应牢固接地或接零。不允许用自耦变压器作安全电压电源。

□ 安全电压的选用

在安全电压的额定值中，42V 和 36V 可在一般和较干燥环境中使用；而 24V 以下是在较恶劣环境中允许使用的电压等级，如金属容器内、管道内、铁平台上、隧道内、矿井内、潮湿环境等。本标准不适用于水下等特殊场所，也不适用于有带电部分能伸入人体的医疗设备。

b. 绝缘、屏护和间距

□ 绝缘

绝缘是用绝缘物把带电体隔离起来。良好的绝缘是设备和线路正常运行的必要条件，也是防止触电事故的重要措施。

（1）绝缘材料。电工绝缘材料电阻率一般在 $10^9\Omega \cdot cm$ 以上。云母、瓷、玻璃、橡胶、干木材、胶木、塑料、布、纸、沥青漆、聚酯漆、矿物油等都是常用绝缘材料。绝缘材料按其正常运行条件时允许的极限工作温度是 90℃。设备和线路的绝缘必须与使用的电压等级、周围环境和运行条件相适应。选择绝缘材料时，要考虑一定的安全系数。

（2）绝缘破坏。绝缘材料除因击穿而破坏时，自然老化、电化学损伤、机械损伤、潮湿、腐蚀、热老化等也会降低其绝缘或导致绝缘破坏。

当电流沿绝缘体表面很快地进行放电时，形成闪络。一般闪络都会在物体表面留下明显痕迹。

绝缘体承受的电压超过一定数值时，电流穿过绝缘体而发生放电现象称为电击穿。气体绝缘在击穿电压消失后，绝缘性能还能恢复；液体绝缘多次击穿后，将严重降低绝缘性能；而固体绝缘击穿后，就不能再恢复绝缘性能。

在长时间存在电压的情况下，由于绝缘材料的自然老化、电化学作用、热效应作用，使其绝缘性能逐渐降低，有时电压并不是很高也会造成电击穿。

（3）绝缘电阻。物体的绝缘电阻是其表面电阻和体积电阻的并联值，合格的绝缘电阻能将电气设备的泄漏电流限制在规定范围，保证人身安全。

一般对于低压设备和线路，绝缘电阻应不低于 0.5MΩ；照明线路应不低于 0.25MΩ；携带式电气设备绝缘电阻不低于 2MΩ；配电盘的二次线路绝缘电阻不低于 1Mn。低压设备和线路在潮湿等最恶劣情况下，绝缘电阻值不得低于 1kΩ/V。

高压线路和设备的绝缘电阻一般不应低于 1000MΩ。

架空线路每个悬式绝缘子的绝缘电阻不应低于 300MΩ。

对于电力变压器、电缆、电容器、高压交流电动机等除测绝缘电阻外，还要测量吸收比 $\frac{R_{60}}{R_{15}}$。绝缘材料受潮后，绝缘电阻降低，极化过程加快急 $\frac{R_{60}}{R_{15}} \approx 1$；对于干燥的材料 $\frac{R_{60}}{R_{15}} > 1.3$。

（4）耐压试验。电气绝缘不良有普遍性劣化和局部缺陷两种情况，用交流耐压试验会有效的发现局部绝缘缺陷。

耐压试验接线如图 2－2 所示（在直流耐压试验时，要加硅堆）。

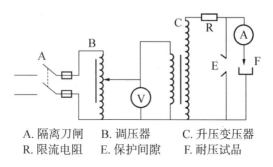

A. 隔离刀闸　　　 B. 调压器　　　 C. 升压变压器
R. 限流电阻　　　 E. 保护间隙　　 F. 耐压试品

图 2－2　耐压试验线路

经常要做耐压试验的有变压器油、高压瓷瓶、密集型插接式母线、安全用具（如绝缘靴、绝缘手套、验电器、拉闸杆）等。

进行耐压试验要控制好试验电压，严格遵守试验标准，任意超压、超时会使被测对象损坏。刚充完油的设备要静止 5h 后才能进行耐压试验。

耐压试验工作应两人进行，并应遵守试验安全操作规程。试验前后要充分放电，做相间绝缘试验其金属外壳要接地或接零。

□ 屏护

在供电、用电、维修工作中，为了防止触电事故、电弧飞溅和电弧短路而采用的遮拦、护罩、护网、隔板、闸箱等措施称为屏护。

（1）屏护的类型。根据使用期限和功能，屏护有以下类型：

永久性屏护装置，如闸箱、变压器护栏、开关罩盖、较低母线的防护网等。

临时性屏护装置，如检修中使用的临时遮拦、临时电气设备的屏护装置等。

移动性屏护装置，如随天车移动的天车滑触线屏护装置、防止行人通过的栅栏等。

（2）屏护设置。所有屏护装置不能直接接触带电体。所用材料的电气性能没有严格要求，但要有一定机械强度。对金属屏护装置必须采用保护接地或保护接零措施。

永久性固定遮栏要考虑材料的耐燃性能。距地面高度不低于 1.7m，底边距地不大于 0.1m；板式屏护与裸导体间低压最小距离为 50mm，网眼遮栏距裸导体、低压设备不小于 0.15m，10kV 设备不小于 0.35m，网眼不应大于 20mm×

20mm～40mm×40mm；移动式栅栏，户内不低于1.2m，户外不低于1.5m，与低压裸导体距离不小于0.8m，条间距离不大于0.2m；户外地上变压器围墙高度不低于2.5m。

□ 间距

为了防止人体触及或接近带电体；防止车辆等物体碰撞或过分接近带电体；防止电气短路事故、过电压放电造成火灾；为了运行和检修的方便而在带电体与地面之间、带电体与其他设施和设备之间、带电体之间均需保持一定的安全距离，这种安全距离简称间距。

安全距离的大小，取决于电压高低、设备类型、安装方式等因素。

(1) 线路间距。架空线路同杆架设几种线路时，要征得有关部门同意。其必须保证的横担间最小距离是：高压线路在低压线路上方相距1.2m；通讯线路在低压线路下方相距1.5m；10kV高压线路之间0.8m；低压线路之间0.6m。路灯线应在低压相线和零线下方。

在架设室外线路时，应当考虑当地温度、覆冰、风力等气象条件影响。

(2) 设备间距。配电装置的布置应考虑设备搬运、检修、操作和试验方便。为了工作人员安全，配电装置以外需保持必要的安全通道。配电室低压配电装置正面通道宽度，单列布置时应不小于1.5m；双列布置时应不小于2m。其背面通道不小于1m，特殊情况可减为0.8m。通道上方有裸露带电体时，高度应在2.3m以上，否则应加屏护，屏护的最低高度为1.9m。

室内变压器与四壁应留有适当距离，1000kW以下的为0.6m，1250kW以上的应不小于0.8m，而变压器到门的距离分别不小于0.8m和1m。室外安装变压器，其外廓与周围围栏或建筑物间距不小于0.8m。

(3) 检修间距。在维护检修中人体及所带工具与带电体必须保持足够的安全距离。

在低压工作中，人体及所携带的工具与带电体距离应不小于0.1m。

在高压无遮拦操作中，人体及所携带工具与带电体之间最小距离，10kV应不小于0.7m，35kV应不小于1m。用绝缘杆操作，上述距离可减为10kV时0.4m，35kV时0.6m。

在线路上工作时，人体及所携带工具与临近带电导线最小距离，10kV以下为1m，35kV为2.5m。

使用喷灯、气焊等明火作业时，火焰不得喷向带电体，其最小距离10kV及以下为1.5m，35kV为3m。

c. 电气安全用具与安全标志

□ 电气安全用具

（1）绝缘安全用具。

绝缘安全用具分为两类：基本绝缘安全用具和辅助绝缘安全用具。

①基本绝缘安全用具的绝缘强度能长时间承受电气设备的工作电压。如高压的绝缘棒、绝缘夹钳；低压的绝缘手套、带绝缘套的克丝钳、尖嘴钳、偏口钳等。

○ 绝缘棒俗称令克棒、拉闸杆，绝缘夹钳又称绝缘夹，都分为工作部分（钩和钳口）、绝缘部分和手握部分。手握部分和绝缘部分都是由硬塑、胶木、玻璃钢或用亚麻油煮过的木材制成，其中间用护环分开，见图 2—3 所示。

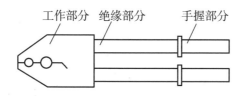

工作部分　绝缘部分　手握部分

图 2—3　绝缘夹钳（10kV）

绝缘棒主要用来操作高压隔离刀闸、跌落式保险器、拆装临时封地线等工作，绝缘夹钳主要用来拆换高压熔断器。

工具使用前应用干布擦拭干净，操作时要停掉负荷、穿绝缘靴、戴绝缘手套，阴雨天气没有特殊措施不得室外操作。绝缘夹钳不用时存放在盒子里，绝缘棒平时要垂直存放以免变形或受潮。

○ 低压绝缘工具（克丝钳、尖嘴钳、偏口钳、剥线钳等）主要是靠把手上的绝缘护套起到安全保护作用，使用电压等级不准超过 500V，在绝缘护套上应有 500V 标记。绝缘护套破裂老化的应予更换。

②辅助绝缘安全用具的绝缘强度不能承受电气设备的工作电压，如高压绝缘手套、绝缘靴、绝缘胶垫、绝缘站台，低压的绝缘靴、干燥线手套等。

○ 绝缘手套和绝缘靴是用橡胶或乳胶制成的，是高压系统辅助安全用具，但可作为低压的基本安全用具。绝缘靴可以用来直接防止跨步电压。

绝缘手套长度至少超过手腕 10cm，绝缘靴高度至少应 15cm，上部另加高边 5cm。

绝缘手套和绝缘靴平时保管要放在专用架上倒放或放在柜子内，但不得和工具、油类接触，以防破损和变质。绝缘靴不准当雨鞋使用。绝缘手套和绝缘靴使用前必须经过检查，检查外观和有无漏气现象。

○ 绝缘胶垫是橡胶制成，厚度不小于 5mm，宽度不小于 0.8m。

绝缘站台是用木板或木条制成，相邻板条之间的距离不大于 2.5cm，以免鞋根陷入。台面板用绝缘瓷瓶支起，对地绝缘，瓷瓶高度不小于 10cm，台面板的边缘不得伸出绝缘瓷瓶以外，以免站台翻倾，人员摔倒。绝缘站台最小尺寸 0.8m×0.8m，但为了便于移动和检查，最大尺寸也不得大于 1m×1.5m。

绝缘站台应放在坚硬地面使用，台面板不得与地面上其他物体接触。户外使用时站台的绝缘瓷瓶不得陷于泥中，台面板不得与杂草接触。

(2) 携带式电压指示器。携带式电压指示器可直观检验设备、线路是否有电，在高压上使用的称高压验电器，能测 35～6kV 电压，低压上使用的称试电笔，能测 500～100V 电压。

高压验电器，在使用前按要求组装好，用干布擦拭干净，操作者要戴绝缘手套，室外还要穿绝缘靴；验电时要逐渐靠近带电体，至灯亮或发出信号为止；验电器一般不用接地线，如果使用带地线的，应注意防止由于接地线碰到带电体引起事故。

试电笔是低压验电的主要工具，用于 500～100V 电压的检测。其内部构造是由氖泡和 2MΩ 炭精电阻组成。使用时笔头接触带电体，手指按住柄上金属部分，氖泡发亮说明有电。有的试电笔是由集成电路和发光二极管或数字显示屏组成，能读出一定电压范围。

对试电笔要注意保管，尤其是组合式试电笔（带改锥或其他工具的）。使用前先在带电部位试一下。另外试电笔对低压电适应范围较广，使用时要根据氖泡亮暗程度作出准确判断。

(3) 登高作业安全用具。登高作业安全用具包括梯子、高凳、安全带、脚扣、登高板等。

①梯子和高登要用木材和竹料制成，电气作业不准使用金属的。梯子和高登应坚固可靠能承受工作人员和所携带工具、材料的总重量，每次使用前要进行检查，无劈裂开楔缺陷。梯子下部应有防滑胶皮，高凳要有绳扣，同凳绞链连接处要牢固。

使用中的要求：

○ 与地倾角不能小于 60°；上梯时应有专人扶梯，扶梯人应戴安全帽；梯子不准平放使用；使用高凳时绳扣要拴好，4m 以上应加晃绳或有人扶。

○ 梯子靠在管道或杆上时，上端要绑牢固才能开始工作。

○ 不准站在梯子最上端工作，不准骑在高凳上面工作。不准两人同上一梯（高凳）工作，工作时要一腿跨在梯内，并应注意全身重心。

○ 梯上有人不准移动，传递工具和材料时要用带绳。

○ 梯子上使用电动工具要有人监护、系安全带、梯子绑牢或多人扶梯。

②脚扣又叫铁脚，是登杆用具。分木杆用和水泥杆用两种，主要部分是用钢材焊制呈半圆形。木杆用的脚扣前部和根部向内有凸出的小齿，以刺入木杆起防滑作用；水泥杆用的脚扣在金属骨架上镶有橡胶管或橡胶垫起防滑作用。脚扣有大小号之分，水泥杆多用可变内径脚扣，以适应电杆粗细不同。见图 2-4 所示。

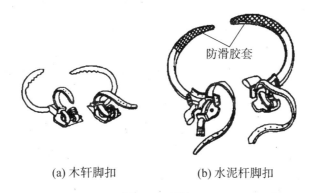

防滑胶套

(a) 木轩脚扣　　　　　(b) 水泥杆脚扣

图 2-4　脚扣

脚扣使用前要检查金属结构有无开焊处、防滑胶皮是否牢固、绑脚皮带强度和钎子是否完好。使用时先选好上杆位置，上杆跨度不要太大，要稳，身体重心要落在后脚上，双手抱住电杆维持身体平衡。

脚扣存放要轻拿轻放，不准摔砸，橡胶部分不准沾油。

(4) 登高板又叫蹬板、站脚板，也是登杆用具。登高板主要由质地坚韧的木板条和结实的白棕绳组成，板和绳均应能承受载荷 225kg。登高板可适用于各种电杆，外形见图 2-5 所示。

(5) 安全带是防止坠落的安全用具。用皮革、帆布带或化纤材料制成。安全带由大小两根带子组成，小的系在腰部偏下，大的系在电杆或其他牢固闭合的构件上，起防止坠落作用。腰带宽度应不小于 6cm，大带子拉力不小于 225kg。有的安全带为防止大带断脱，还另附一根带扣环的保险带，见图 2-6 所示。

安全带使用前要检查带子和全部部件。

(6) 携带型接地线、遮栏。

①携带型接地线也叫临时接地线。一般装设在被检修区段两端的电源线路

图 2-5 登高板

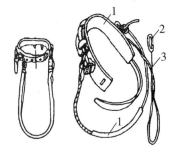

图 2-6 安全腰带

上,用来防止停电设备或线路突然来电、消除邻近高压线路上的感应电、放尽线路或设备上可能残存的静电。

携带型接地线主要由软导线和接线夹头组成。软导线用不小于 $25mm^2$ 多股裸铜线,每相封一根,三根联结在一起和接地装置相连。接线夹头也称线卡子,要求接触良好有足够夹持力。见图 2-7 所示。

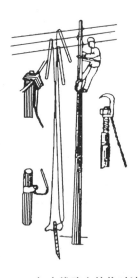

图 2-7 加空线路上的临时地线

挂封接地线前先验明没电。在高压设备和线路上操作,要戴绝缘手套、穿绝缘靴,通过绝缘杆操作。挂封时先接接地端,后接线路端,拆时顺序相反。不得以三相短接方法代替封地作用。

②遮栏主要用来防止工作人员走错、无意碰到或过分接近带电体而设立的。遮栏一般用干燥木板制成，不准使用导电材料。高度不低于 1.7m，下部边缘距地面不超过 10cm。遮栏与带电体距离 10kV 不小于 0.35m，35kV 不小于 0.5m。

遮栏上应有"止步，高压危险"等字样，或上面悬挂相应标示牌。

□ 电气安全用具使用要求

（1）电气安全用具应该正确选用（如电压等级）；正确使用；正确存放和专人管理。制定安全用具的管理制度。

（2）每次使用前要作认真的检查，使用后要擦拭干净。

（3）对高压安全绝缘用具，要定期进行耐压和泄漏的预防性试验。见表 2—3。

表 2—3　安全用具的检查和试验标准

工具名称		使用电压（kV）	试验电压（kV）	持续时间（min）	泄漏电流（mA）	试验周期
绝缘杆		35 及以下	线电压 3 倍但不得低于 40	5	—	1～2 年
绝缘夹钳				5	—	
绝缘手套		各种电压	8～12	19～12	6～12 个月	
绝缘靴		各种电压	15～20	1～2	7.5～10	6～12 个月
绝缘鞋		1 及以下	3.5	1	2	6 个月
绝缘垫		1 及以下	5	以 2～3cm/s 的速度拉过	5	2 年
		1 以上	15		15	
绝缘台		各种电压	40	2	—	3 年
高压验电器	本体	35 及以下	20～25	1	—	6 个月
	握手	10 及以下	40	5	—	
		35 及以下	105	5	—	

□ 安全色

安全色是表达安全信息含义的颜色，表示禁止、警告、指令、提示等。国家规定的安全色有红、蓝、黄、绿四种颜色。红色表示禁止、停止；蓝色表示指令、必须遵守的规定；黄色表示警告、注意；绿色表示指示、安全状态、通行。

为使安全色更加醒目的反衬色叫对比色。国家规定的对比色是黑白两种颜色。

安全色与其对应的对比色是：红～白、黄～黑、蓝～白、绿～白。

黑色用于安全标志的文字、图形符号和警告标志的几何图形。白色作为安全标志红、蓝、绿色的背景色，也可用于安全标志的文字和图形符号。

在电气上用黄、绿、红三色分别代表 A、B、C 三个相序；涂成红色的电器外壳是表示其外壳有电；灰色的电器外壳是表示其外壳接地或接零；线路上黑色代表工作零线；明敷接地扁钢或圆钢涂黑色。用黄绿双色绝级导线代表保护零线。直流电中红色代表正极，蓝色代表负极，信号和警告回路用白色。

□ 安全标志

安全标志是提醒人员注意或按标志上注明的要求去执行，保障人身和设施安全的重要措施。安全标志一般设置在光线充足、醒目、稍高于视线的地方。

对于隐蔽工程（如埋地电缆）在地面上要有标志桩或依靠永久性建筑挂标志牌，注明工程位置。

对于容易被人忽视的电气部位，如封闭的架线槽、设备上的电气盒，要用红漆画上电气箭头。

另外在电气工作中还常用标志牌，以提醒工作人员不得接近带电部分、不得随意改变刀闸的位置等。

移动使用的标志牌要用硬质绝缘材料制成，上面有明显标志，均应根据规定使用。其有关资料如表2-4。

表2-4 标示牌的资料

名称	悬挂位置	尺寸（mm）	底色	字色
禁止合闸有人工作	一经合闸即可送电到施工设备的开关和刀闸操作手柄上	200×100 80×50	白底	红字
禁止合闸线路有人工作	一经合闸即可送电到施工设备的开关和刀闸操作手柄上	200×100 80×50	红底	白字
在此工作	室内和室外工作地点或施工设备上	250×250	绿底中间有直径210mm的白圆圈	黑字，位于白圆圈中

续表

名称	悬挂位置	尺寸（mm）	底色	字色
止步高压危险	工作地点临近带电设备的遮拦上；室外工作地点附近带电设备的构架横梁上；禁止通行的过道上，高压试验地点	250×200	白底红边	黑色字，有红箭头
从此上下	工作人员上下的铁架梯子上	250×250	绿底中间有直径 210mm 的白圆圈	黑字，位于白圆圈中
禁止攀登高压危险	工作临近可能上下的铁架上	250×200	白底红边	黑字
已接地	看不到接地线的工作设备上	200×100	绿底	黑字

第 3 章　机械设备基础知识

你将掌握的内容

>> A　机械设备的组成

>> B　常见机械故障

>> C　机器设备的老化

在工业生产中，机械设备是生产作业的主体，机电工务员的基本职责要求就是要保证工厂机械设备的正常运转，要做到这一点，机电工务员必须了解有关机械设备的基本常识。

A　机械设备的组成

机械设备主要分为几大部分：传动部分、工作部分及控制部分。

a. 传动部分

机器一般是通过传动部件将动力机构的动力和运动传给机械的工作部分。所以机器的传动部分是位于原动机和工作部分之间的中间装置。传动装置是机器的重要组成部分之一，它在一定程度上决定了机器的工作性能、外形尺寸和重量，也是选型、维护、管理的关键部分。

□ 传动的分类

机器的传动装置种类繁多，常用传动分类如下：

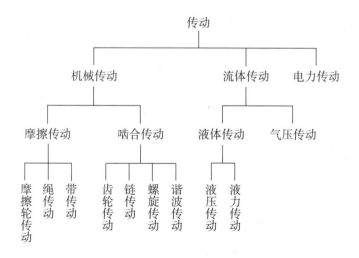

□ 机械传动

在传动装置中以机械传动的应用最为广泛。机械传动作用主要表现在三个方面：

（1）传递动力。传递装置的主要作用是为了将驱动力传递给工作部分而使机器做功。如汽车牵引力的传递。

（2）改变运动速度和方向。一台机器为了更好地完成工作任务，其工作部分的运动速度往往在一定的范围内变动，其工作运动方向也往往是变化的，这种频繁的变速或换向要求用动力装置直接完成是不能满足的，而必须由传递过程的变速装置和传动机构来完成。

（3）改变运动形式。一台机器工作机构的运动是根据机器的用途设计而来的，所以要求其运动方式也是多样的，如工作机构可以产生转动、直线运动、摆动、间歇运动或沿任一轨迹运动。这些不同的运动方式的完成主要由传动部分的不同机构来决定。

机器设备中常用的机械传动形式有：螺旋传动、带传动、链传动、齿轮传动和蜗杆传动等。

①螺旋传动。是通过螺杆与螺母的啮合来传递动力和运动的机械传动。它主要是用来将回转运动变为直线运动，其结构主要由螺母、螺杆（或丝杠）组成（如图3—1所示）。

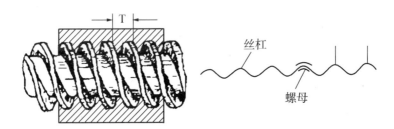

图3—1　螺旋传动

螺旋传动的优点是结构简单，工作平稳，易于自锁。所以在机床、起重机锻压设备中得到广泛应用，其缺点是传动效率低，不宜用于高速、大功率的传动。

②带传动。带传动是利用胶带与带轮之间的摩擦作用将主动带轮的转动传到另一个被动带轮上去，根据传动带的截面形状，带传动又分为平型带传动、三角带传动、圆形带传动和齿形带传动（见图3—2）。

带传动的优点是：传动平稳，噪声小，结构简单，可长距离地传递能量，可缓冲减振，有超载保护作用。其缺点是外形尺寸大，不能保证准确的传动比，带传动以平型带传动和三角带传动应用最广。圆形带传动只能传递较小的功率。齿形带传动优点较多，是一种比较理想的带传动，它已逐渐应用于机床、轧钢机、通风设备、内燃机等机械之中。

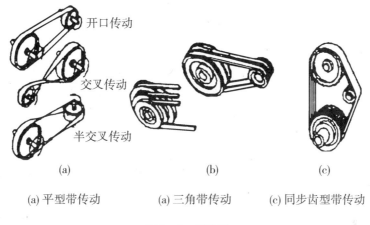

(a) 平型带传动　　　　(a) 三角带传动　　　(c) 同步齿型带传动

图 3－2　带传动

③齿轮传动。齿轮传动是用齿轮的轮齿互相啮合传递轴间的动力和运动的机械传动（如图 3－3 所示）。齿轮传动是应用最早和最广的机械传动之一。在近代机械工业中，齿轮传动应用范围极广。从精密仪器中的直径不到 1mm 的小齿轮，到重型机械中的巨型齿轮。齿轮传动的优点是尺寸紧凑且承载能力强，传动效率高，传动比不变，工作可靠，寿命长。缺点是：需要专门的制造工具和设备，对制造和安装的精度要求较高，否则噪声及振动较大。

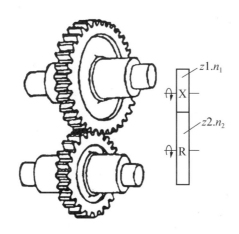

图 3－3　齿轮传动

④链传动。链传动是通过链条与链轮轮齿连续不断地啮合来传递力和运动的机械传动。它由主动链轮、从动链轮和链条组成（如图 3－4 所示）。

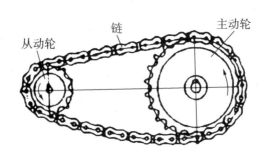

图 3—4　链传动

中国东汉张衡发明的浑天仪中就采用了链传动。自 1874 年世界上出现第一辆链条传动的自行车以来，链传动的应用日益广泛。链传动的优点是：平均传动比准确，传动效率高且可在恶劣条件下工作。其缺点是：瞬时传动比为变值，传动噪声较大。

⑤蜗杆传动。蜗杆传动是通过蜗杆与蜗轮间的啮合传递运动和动力的机械传动（如图 3—5 所示）。蜗杆传动中蜗杆为主动件，将其转动传给蜗轮。最常见的是两件的轴心线在空中是互相垂直的。需要指出的是这种传动方式只能蜗杆带动蜗轮转，反之则不可能。

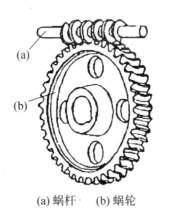

(a) 蜗杆　　(b) 蜗轮

图 3—5　蜗杆传动

蜗杆传动的优点是可以获得较大的降速比，而且传动平稳，无噪音，结构紧凑，但效率低，需要良好的润滑条件。

□ 液体传动

(1) 液压传动。液压传动是依靠液体介质的静压力来传递能量的液体传动。

为了认识什么是液压传动，我们先观察和分析一个最简单的实际例子。图 3-6 是人们最常见的油压千斤顶工作原理图。

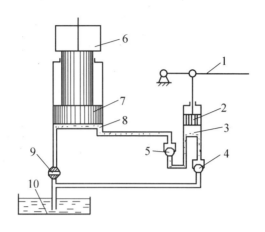

图 3-6　油压千斤顶工作原理

大小两个油缸 8 和油缸 3 的缸体内部分别装有活塞 2 和活塞 7，活塞与缸体之间保持一种良好的配合关系，不仅活塞能在缸内滑动，而且配合面之间又能实现可靠的密封。当用手向上提起杠杆 1 时，小活塞 2 就被带动上升，于是小缸 3 下腔的密封工作容积便增大。这时，由于钢球 4 和 5 分别关闭了它们各自所在的油路，所以在小缸下腔形成了部分真空，油池 10 中的油液就在大气压力下推开钢球 4 沿吸油管道进入小缸的下腔，完成一次吸油动作，接着，压下杠杆 1，小活塞下移，小缸下腔的工作容积减少，便把其中的油液挤出，推开钢球 5（此时钢球 4 自动关闭了通往油池的油路），油液便经两缸之间的连通管道进入大缸 8 的下腔。由于大缸下腔也是一个密封的工作容积，所进入的油液因受挤压而产生作用力就推动大活塞 7 上升，并将重物 6 向上顶起一段距离。这样反复提、压杠杆 1，就可使重物不断上升，达到起重的目的。

若将放油阀 9 旋转 900°，则在重物自重的作用下，大缸 8 中的油液流回油池 10，活塞就下降到原位。由上述例子可以看出，油压千斤顶是一个简单的液压传动装置。分析油压千斤顶的工作过程，可知液压传动是以液体作为工作介质来传动的一种传动方式，它依靠密封容积的变化传递运动，依靠液体内部的压力（由外界负载所引起）传递动力。液压装置本质上是一种能量转换装置，它先将机械能转换为便于输送的液压能，随后又将液压能转换为机械能做功。通常液压传动系统是由一系列的液压元件组成的。如动力元件（液压泵）、执行元件（液压缸或液压马达）、控制元件（液压控制阀）、辅件（管道、管接头、油箱、滤油器、换热器和蓄能器等）组成。

液压传动与机械传动相比，其主要特点是在相同功率与承载能力的条件下，体积小、重量轻，有过载保护能力和缓冲作用，而且便于实现无级调速，调速范围可达 1 000 倍。还易于实现远距离控制。所以，液压传动广泛应用于液压机床、工程机械、飞机、船舶、试验机械、冶金和矿山机械等方面。

（2）液力传动。液力传动是靠叶轮与液体之间的流体动力作用来传递能量的流体传动。它与液压传动相比，在原理、结构和性能方面均有很大差异。

液力耦合器是由泵轮、涡轮和一个可使液体循环流动的密封工作腔组成。泵轮装在输入轴上，涡轮装在输出轴上，当动力机带动输入轴与泵轮转动时，在离心力作用下，液体从泵轮甩出，高速的液体冲入涡轮并推动涡轮旋转，从泵轮获得的动量矩经涡轮传给输出轴。然后液体返回泵轮，形成周而复始的循环流动而传递着扭矩。

由上例可看出液力传动输入轴与输出轴之间的联系只靠液体为工作介质，构件不直接接触，为非刚性传动。这种传动的特点是：缓冲和防振好，过载保护好，甚至在输出轴卡死时，动力机仍可运转而不受损伤，易实现自动变速和无级变速，还可以传递较大的动力。所以能广泛应用于工程机械、起重运输机械、钻探设备和其他冲击大、惯性大的传动装置中。

（3）气压传动。气压传动是利用压缩空气的压力来传递动力或运动的流体传动。传递动力系统是将压缩空气经管道和控制阀送给气动执行元件（如气缸、气马达等），把气体压力能转变为机械能而对外做功。其特点是：成本低、无污染、使用安全、过载保护性好，但结构尺寸大，噪声较大。

□ 电力传动

电力传动是利用电动机将电能转换为机械能来驱动机器的传动。传统的电力传动主要是利用连续运转的电动机。20 世纪 80 年代以来，在生产和运输机械中开始使用直线运动的直线电动机或转子断续转动的步进电机。

电力传动通常由电动机、传递机械能的传动机构和控制电动机运转的电气控制装置组成，它的特点是：便于远距离自动控制，所需电能易于输送和集中生产，运行可靠，效率高。

b. 工作部分

工作部分是使加工对象发生性能、状态、几何形状和地理位置等变化的那部分机构如车床的刀架、纺纱机的锭子、车辆的车厢、飞机的客、货舱等。

工作部分是机器设备直接进行生产的部分，是一台机器的用途、性能综合体现的部分，也是体现一台机器的技术能力和水平的部位。它标志着各种机器的不同特性，是机器设备主要区分和分类的依据。

有不少机器其原动机和传动部分大致相同，但由于其工作部分不同，而构成了其用途、性能不同的机器。如：汽车、拖拉机、推土机等，其原动机均为内燃机，其传动部分也是大同小异。但由于其工作部分不同就形成了不同类的机器。

c. 控制部分

控制装置是为了提高产量、质量，减轻人们的劳动强度，节省人力、物力等而设置的那些控制器。

控制系统就是由控制器和被控对象组成的。不同控制器组成的系统也不一样，由手动操纵代替控制器的手动控制系统；由机械装置作为控制器组成的机械控制系统；还有气压、液压装置做控制器的气动、液压控制系统；再有电子装置或计算机作为控制器的电子或计算机控制系统等。

B　常见机械故障

在机械设备维修中，机电工务员要查明故障模式，分析故障产生的原因，探求减少故障发生的方法，提高机械设备的可靠程度和有效利用率。

a. 故障原因及内容

□ 故障产生的主要原因及主要内容

故障产生的主要原因及主要内容见表 3—1。

表3—1 故障产生的主要原因及主要内容

序号	主要原因	主要内容
1	设　计	结构、尺寸、配合、材料、润滑等不合理，运动原理、可靠性、寿命、标准件、外协件等有问题
2	制　造	毛坯选择不适合，铸、锻、热处理、焊、切削加工、装配、检验等工序存在问题，出现应力集中、局部和微观金相组织缺陷、微观裂纹等
3	安　装	找正、找平、找标高不精确，防振措施不妥，地基、基础、垫铁、地脚螺栓设计、施工不当
4	使用保养	违反操作规程，操作失误，超载、超压、超速、超时、腐蚀、漏油、漏电、过热、过冷等超过机械设备功能允许范围；不及时清洗换油、不及时调整间隙、不清洁干净、维护修理不当、局部改装失误、备件不合格
5	润　滑	润滑系统损坏、润滑剂选择不当、变质、供应不足、错用、润滑油路堵塞等
6	自然磨损	正常磨损、材料老化等
7	环境因素	雷电、暴雨、洪水、风灾、地震，污染，共振等
8	人的素质	工人未培训、技术等级偏低、素质差等
9	管　理	管理混乱、管理不善、保管不当等
10	原因待查	其他原因

□ 影响因素

在机械制造和维修中，影响零部件参数值变化速率的因素主要有以下几个方面：

（1）设计规划。在设计规划中，应对机械设计未来的工作条件有准确估计，对可能出现的变异有充分考虑。设计方案不完善、设计图样和技术文件的审查不严是产生故障的重要原因。

（2）材料选择。在设计、制造和维修中，都要根据零件工作的性质和特点正确选择材料。材料选用不当、材质不符合标准规定或选用了不适当的代用品是产生磨损、腐蚀、过度变形、疲劳、破裂、老化等现象的主要原因。此外，在制造和维修过程中，很多材料要经过铸、锻、焊和热处理等加工工序，在工艺过程中材料的金相组织、力学物理性能等要经常发生变化，其中加热和冷却的影响尤为重要。

（3）制造质量。在制造工艺的每道工序中都存在误差。工艺条件和材质的离散性必然使零件在铸、锻、焊、热处理和切削加工过程中积累了应力集中、局部和微观的金相组织缺陷、微观裂纹等。这些缺陷往往在工序检验时容易被疏忽。零件制造质量不能满足要求是机械设备寿命不长的重要原因。

（4）装配质量。首先要有正确的配合要求。配合间隙的极限值包括装配后经过磨合的初始间隙。初始间隙过大，有效寿命期就会缩短。装配中各零部件之间的相互位置精度也很重要，若达不到要求，会引起附加应力、偏磨等后果，加速失效。

（5）合理维修。根据工艺合理、经济合算、生产可能的原则，合理进行维修、保证维修质量。这里最重要、最关键的是要合理选择和运用修复工艺、注意修复前的准备、修复过程中按规程执行操作、修复后的处理工作。

（6）正确使用。在正常使用条件下，机械设备有其自身的故障规律。但使用条件改变，故障规律也随之变化。主要有以下几种：

①载荷。机械设备发生耗损故障的主要原因是零件的磨损和疲劳破坏。在规定的使用条件下，零件的磨损在单位时间内是与载荷的大小成直线关系。而零件的疲劳损坏只是在一定的交变载荷下发生，并随其增大而加剧。因此，磨损和疲劳都是载荷的函数。当载荷超过设计的额定值后，将引起剧烈的破坏，这是不允许的。

②环境。它包括气候、腐蚀介质和其他有害介质影响，以及工作对象的状况等。温度升高，磨损和腐蚀加剧；过高的湿度和空气中的腐蚀介质存在，造成腐蚀和腐蚀磨损；空气中含尘量过多、工作条件恶劣都会造成机械设备损坏。但是环境是一客观因素，在某些情况下可人为地采取措施加以改善。

③保养和操作。建立合理的维护保养制度，严格执行技术保养和使用操作规程，是保证机械设备工作的可靠和提高使用寿命的重要条件。此外，需要对人员进行培训，提高素质和水平。

b. 故障诊断

机器设备出现故障以后，机电工务员要根据具体情况对故障进行诊断，以便采取各种不同的措施对机器设备进行维修。

故障诊断主要有以下两种形式：机器设备运转中的检测；机器设备的停机检测。

□ 机器设备运转中的检测

运转中的检测是根据外部现象推断内部原因的技术，它与拆卸检查和故障原因分析技术本质上是不同的。主要有以下几种方法：

（1）凭五官进行外观检查。利用人体的感官，听其音、嗅其味、看其动、感其温，从而直接观察到故障信号，并以丰富的经验和维修技术判定故障可能出现的部位与原因，达到预测预报的目的。这些经验与技术对于小厂和普通机械设备是非常重要的，即使将来科学技术高度发展，也不可能完全由仪器设备监测诊断技术取代。

（2）振动测量。振动是一切回转或往复运动的机械设备最普遍的现象，状态特征凝结在振动信息中。振动的增强无一不是由故障引起的。振动测量就是利用机械设备运动时产生的信号，根据测得的幅值（位移、速度、加速度）、频率和相位等振动参数，对其进行分析处理，作出诊断。

产生振动的根本原因是机械设备本身及其周围环境介质受到振源的激振。激振来源于两因素：

①回转件或往复件的缺陷，主要包括：

○ 失衡，即相对于回转轴线的质量分布不均，在运转时产生惯性力，构成激振的原因。

○ 往复件的冲击，如以平面连杆机构原理作运动的机械设备，连杆往复运动产生的惯性力，其方向作周期性改变，形成了冲击作用，这在结构上很难避免。

○ 转子弯曲变形和零件失落，造成质量分布不均，在回转时产生离心惯性力，导致振动。

○ 制造质量不高，特别是零件或构件的形状位置精度不高是质量失衡的原因之一。

○ 回转体上的零件松动增加了质量分布不均，轴与孔的间隙因磨损加大也增加了失衡。

②机械设备的结构因素，主要包括：

○ 齿轮由于制造误差导致轮齿啮合不好，轮齿间的作用力在大小、方向上发生周期性变化。随着齿轮在运转中的磨损和点蚀等现象日益严重，这种周期性的激振也日趋恶化。

○ 联轴器和离合器的结构不合理带来失衡和冲击。

○ 滑动轴承的油膜涡动和振荡。

○ 滚动轴承中滚动体不平衡及径向游隙。

○ 基座扭曲。

○ 电源激励。

○ 压力脉动等。

此外，机械设备的拖动对象不稳定，使负载不稳，若是周期性的也成为振源。

典型的振动测量与分析系统由四个基本部分组成，即传感器、测量仪器、分析仪器和记录仪器。

图 3－7 为典型的振动测量系统。

图 3－7　典型的振动测量系统

从图中看到，该系统实际由传感器和测量仪器两部分组成。传感器的种类很多，常用的有三种：感受振动位移的位移传感器、感受振动速度的速度传感器、感受加速度的加速度传感器。目前应用最广的是压电式加速度计，其作用是将机械能信号（位移、速度、加速度、动力等）转换成电能信号。信号调节器是一个前置放大器，有两个作用：一是放大加速度计的微弱输出信号；二是降低加速度计的输出阻抗。数据贮存器是指磁带记录仪，它能将现场的振动信号快速而完整地记录、贮存下来，然后在实验室内以电信号的形式，再把测量数据复制，重放出来。信号处理机由窄带或宽带滤波器、均方根检波器、峰值计或概率密度分析仪等组成。测量系统的最后一部分是显示或读数装置，它可以是表头、示波器或图像记录仪等。

（3）测声法。噪声也是机械设备故障的主要信息来源之一，还是减少和控制环境污染的重要内容。测声法是利用机械设备运转时发出的声音进行诊断。

机械设备噪声的声源主要有两类：一类是运动的零部件，如电动机、油泵、齿轮、轴、轴承等，其噪声频率与它们的运动频率或固有频率有关；另一类是不动的零件，如箱体、盖板、机架等，其噪声是由于受其他声源或振源的诱发而产生共鸣引起的。

噪声测量主要是测量声压级。测量仪器可用简单的声级计，也可用复杂的实验室分析和处理系统。根据不同构件会发出不同频率的声响，需进行频谱分析；用振动分析仪器对声音进行分析处理。

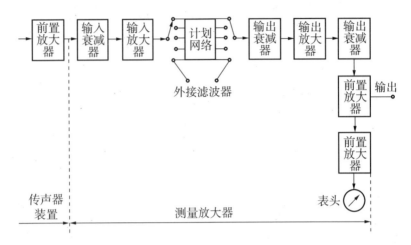

图 3—8 声级计工作原理框图

声级计由传声器、放大器、衰减器计权网络、均方根检波电路和电表组成。图 3—8 为其工作原理方框图。声压信号输入传声器后·被转换为电信号。当信号微小时，经过放大器放大，若信号较大时，则对信号加以衰减。输出衰减器和输出放大器的作用与输入衰减器和输入放大器相同，都是将信号衰减或放大。为提高信噪比，保持小的失真度和大的动态范围，将衰减器和放大器分成两组：输入（出）衰减器和输入（出）放大器，并将输出衰减器再分成两部分，以便于匹配。为使所接受的声音按不同频率分别有不同程度的衰减，在声级计中相应设置了 A、B、C 三个计权网络。通过计权网络可直接读出声级数值。经最后的输出放大器放大的信号输入到检波器检波，并由表头以"分贝"指示出有效值。

（4）温度测量。温度是一种表象，它的升降状态反映了机械设备机件的热力过程，异常的温升或温降说明产生了热故障。例如：内燃机、加热炉燃烧不正常；温度分布不均匀；轴承损坏，发热量增加；冷却系统发生故障，零件表面温度上升等。凡利用热能或用热能与机械能之间的转换进行工作的机械设备，进行温度测量十分重要。

测量温度的方法很多，可利用直接接触或非接触式的传感器，以及一些物质材料在不同温度下的不同反应来进行温度测量。

①接触式传感器。通过与被测对象的接触，由传感器感温元件的温度反映出测温对象的温度。如液体膨胀式传感器利用水银或酒精在不同温度下胀缩的现象来显示温度；双金属传感器和热电耦传感器依靠不同金属在受热时表现出不同的膨胀率和热电势，利用这种差别来测量温度；电阻传感器则是根据不同温度下电阻元件的电阻值发生变化的原理来工作。

②非接触式传感器。这类仪器是利用热辐射与绝对温度的关系来显示温度。如光学高温计、辐射高温计、红外测量仪、红外热像仪等。用红外热像仪测温是 60 年代兴起的新技术，它具有快速、灵敏直观、定量无损等特点，特别适用于高温、高压、带电、高速运转的目标测试，对故障诊断和预测维修非常有效。由红外热像仪形成的一幅简单的热图像提供的热信息相当于 3 万个热电偶同时测定的结果。这种仪器的测温范围一般为几十度到上千度，分辨率为 0.1℃，测试任何大小目标只需几秒钟，除在现场可实时观察外，还能用磁带录像机将热图像记录下来，由计算机标准软件进行热信息的分析和处理。整套仪器做成便携式，现场使用非常方便。

③温度指示漆、粉笔、带和片。它们的工作原理是从漆、粉笔、带和片和颜色变化来反映温度变化。当然这种测温方法精度不高，因为颜色变化的程度还附加一个人的感官判识问题，但相当方便。

（5）声发射检测。各种材料由于外加应力作用，在内部结构发生变化时都会以弹性波的方式释放应变能量，这种现象称声发射，是一种常见的物理现象。例如木材的断裂、金属材料内部品格错位、晶界滑移或微观裂纹的出现和扩展等。

弹性波有的能被人耳感知，即其频率在声音的频率范围内。但多数金属，尤其是钢铁，其弹性波的释放是人耳不能感知的，属于超声范围。无论是声音频带还是超声频带，通过接受弹性波，用仪器检测、分析声发射信号和利用信号推断声发射源的技术统称声发射技术。

声发射检测具有下述特点：

①需对构件外加应力。

②它提供的是加载状态下缺陷活动的信息，是一种动态检测。而常规的无损检测是静态检测。声发射检测可客观地评价运行中机械设备的安全性和可靠性。

③灵敏度高、检查覆盖面积大、不会漏检，可远距离监测。

声发射检测现在已广泛用来监测机械设备和机件的裂纹和锈蚀情况。例如，在冲床上加工零件时，冲模的裂纹可能导致事故，可以用声发射装置监测模具发出的异声。对于飞机机翼、化工反应器、压力容器等对锈蚀和裂纹十分敏感的许多机械设备中，因铆接和焊接而可能在其部位上产生裂纹，并在工作中迅速扩展，声发射是一种很有效的检测手段。

声发射的测量仪器主要有：单通道声发射仪，它只有一个通道，包括信号接收，即传感器；信号处理，即前置放大器、滤波器、主放大器、事件信号和振铃信号；测量和显示，即计数器、时基和 X—Y 记录仪。它一般应用于实验室。多通道声发射仪，它有两个以上通道，常需配置计算机，应用在现场评价大型构件的完整性。

（6）油样分析。在机械设备的运转过程中，润滑油必不可少。由于在油中带有大量的零部件磨损状况的信息，所以通过对油样的分析可间接监测磨损的类型和程度，判断磨损的部位，找出磨损的原因，进而预测寿命，为维修提供依据。例如，在活塞式发动机中，当油液中锡的含量增高时，可能表明轴承处于磨损的早期阶段；铝的含量增高则表明活塞磨损。油样分析所能起到的作用，如同医学上的验血。

油样分析包括采样、检测、诊断、预测和处理等步骤。

常用的油样分析方法主要有三种：

①磁塞分析法。它是最早的油样分析法。将一枚带磁性的油塞安置在润滑油路的适当部位，利用磁性收集油中的磨损残渣，借助读数显微镜或直接用人的眼睛，观察残渣的大小、数量、形状和特点，来判断磨损状态。

磁塞检查的效果取决于残渣被磁塞捕捉到的机会和磨损状况两个方面。磁塞应安放于润滑油的主要通道上，并具有足够大的磁场强度。

磁塞主要由磁钢和非导磁材料制成的磁塞座、磁塞芯以及更换磁塞时利用弹簧作用能堵住润滑油的自闭阀组成。

磁塞分析具有设备简单、成本低廉、分析技术简便，一般维修人员都能很快掌握，能比较准确获得零件严重磨损和即将发生故障的信息等优点，因此它是一种简便而行之有效的方法。但是它只适用于对带磁性的材料进行分析，其残渣尺寸大于 $50\mu m$。

②光谱分析法。这是测定物质化学成分的基本方法，它能检测出铅、铁、铬、银、铜、锡、镁、铝和镍等金属元素。运用原子吸收光谱或原子发射光谱分析润滑油中各种金属的含量和成分，定量地判断磨损程度。

○ 原子发射光谱（AES）分析法。油样在高温状态下用带电粒子撞击（一般用电火花），使之发射出代表各元素特征的各种波长的辐射线，并用一个适当的分光仪分离出所要求的辐射线，通过把所测的辐射线与事先准备的校准器相比较来确定磨损碎屑的材料种类和含量。

○ 原子吸收光谱（AAS）分析法。这是利用处于基态的原子可以吸收相同原子发射的相同波长的光子能量而受激的原理。采用具有波长连续分布的光透过油中的磨损磨粒，某些波长的光被磨粒吸收而形成吸收光谱。在通常情况下，物质吸收光谱的波长与该物质发射光谱波长相等，同样可确定金属的种类和含量。发射光谱一般必须在高温下获得，而高温下的分子或晶体往往易于分解，因此原子吸收光谱还适宜于研究金属的结构。

由于光谱分析法本身的限制，不能给出磨损残渣的形貌细节，而分析的残渣一般只能小于 $2\mu m$。

③铁谱分析法。这种方法是近年来发展起来的一种磨损分析方法。它从润滑油试样中分离和分析磨损微粒或碎片，借助于各种光学或电子显微镜等检测和分析，方便地确定磨损微粒或碎片的形状、尺寸、数量以及材料成分，从而判别磨损类型和程度。

铁谱分析方法如下：

○ 分离磨损微粒制成铁谱片。采用铁谱仪分离磨损微粒制成铁谱片。它由三部分组成，即：抽取样油的泵；使磨损微粒磁化沉积的强磁铁；形成铁谱的透明底片。其装置如图 3－9 所示。

样油由泵（b）抽出送到透明显微镜底片（c）上，底片下装有强磁铁（d），底片安装成与水平面有一倾斜角度 θ，使出口端的磁场比入口端强。样油沿倾斜底片下流时，受磁场力作用，磨损微粒被磁化，最后使微粒按照其大小次序全部均匀地沉积在底片上，用清洗液冲洗底片上残余油液，用固定液使微粒牢固贴附在底片上，从而制成铁谱片。

（a）样油容器（b）泵（c）底片（d）强磁铁（e）废油容器

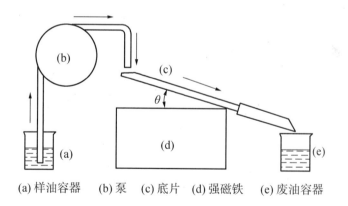

(a) 样油容器　(b) 泵　(c) 底片　(d) 强磁铁　(e) 废油容器

图 3－9　铁谱仪装置

○ 检测和分析铁谱片。检测和分析铁谱片的方法很多，有各种光学或电子显微镜、有化学或物理方法。目前一般使用的有：用铁谱光密度计（或称铁谱片读数仪）来测量铁谱片上不同位置上微粒沉积物的光密度，从而求得磨损微粒的尺寸、大小分布及总量；用铁谱显微镜（又称双色显微镜）研究微粒、鉴别材料成分、确定磨粒来源、判断磨损部位、研究磨损机理；用扫描电镜观察磨损微粒形态和构造特征，确定磨损类型；对铁谱片进行加热处理，根据其回火颜色，鉴别各种磨粒的材料和成分。

光谱和铁谱分析法能获得较多的磨损信息，有很好的检测效果。但均需使用价格昂贵的仪器，并需熟练人员进行操作，推广应用受到一定限制。

（7）频闪观察法。它是通过一个能产生极短促闪光的频闪观测仪，利用人眼具有视觉停留的特点，对准所要观测的运动零部件，使闪光的次数与机件的转速或往复次数一致，对能看到的部位产生了停止不动的印象，观测零部件在运转中的磨损、脱移等现象。

（8）泄漏检测。在机械设备运行中，气态、液态和粉尘状的介质从其裂缝、孔眼和空隙中逸出或进入，造成泄漏，使能源浪费、工况劣化、环境污染、损坏加速，这是企业中力图防止的现象，特别是对于蒸气系统、压缩空气系统、输油系统及一切带压系统，防泄漏是个重要问题。

泄漏检测的方法很多，主要有以下几种：

①皂液检测法。将皂液涂抹在检测部位上，通过观察皂泡的生成速度、大小和位置进行检测，这是一种使用十分普遍而又价廉的方法。但受环境温度和泄漏部位能否便于检测的制约。

②声学法。当气体或液体从裂缝或孔跟中逸出时，收集这种过程发出的声信号，将它放大用仪表显示。这种检测方法的缺点是难以滤除环境噪声的干扰，使灵敏度降低，限制了仪器的使用范围。

③触媒燃烧器。用通电加热的白金丝与逸出的可燃气体或蒸气接触，产生燃烧而使温度升高，把温升转化为电桥电阻的变化作为电信号由仪表显示。

④压力真空衰减测试法。将容器或管道充压密封，然后检测压力或真空的衰减情况，判断泄漏程度。但这种方法不易查出泄漏的部位。

除以上方法外，还可采用氨质谱仪、红外分光仪泄漏检测器、火焰电离仪、光华电离检测器等进行检漏。

（9）厚度检测。机械设备运行一定时期后，由于磨损和腐蚀等原因，厚度逐渐减小。因它们已经安装就位，不能随意停机拆卸检查；有的零部件根本不能用常规方法测量厚度。

现在应用较广的是超声波测厚技术。超声波在固体介质中传播的速度随材料而异，它不能在空气中传播，若将超声波向被测物体发射，它将穿越该物体的厚度，到达空气时又被反射回来。通过测出发射和返回的时间，计算被测物体的厚度。用超声波测厚仪定期、定点地监测易磨损、易腐蚀和侵蚀的管道、容器或零件的壁厚是十分方便的。

（10）性能指标的测定。通过测量机械设备的输入、输出之间的关系及其主要性能指标，来判断其运行状态的变化和工作是否正常，从而进行故障诊断，得到重要信息。

□ 机械设备停机检测

机械设备停机检测：机械设备停机检测是故障诊断的主要辅助手段，它经常与检修配合进行。但是，在分析一些故障原因或查清一些故障隐患时，停机检测却是主要诊断措施。例如，重要部件的窜动及其位置变化、裂纹、变形或其他内部缺陷的检查；啮合关系、配合间隙出现异常时的检测等。

停机检测的主要方法与内容有以下几点：

（1）主要精度的检测。包括主要几何精度、位置精度、接触精度、配合精度等的检测，这是一些异常故障的主要诊断途径之一。主要精度的检测经常要解体，并借助于相应检测量具、仪器及一些专用装置。

（2）内部缺陷的检测。机械设备及其主要零部件的内部缺陷检测，经常是诊断或排除故障的重要方法之一，例如对变形、裂纹、应力变化、材料组织缺陷等故障的检测。其主要检测器具有超声波探伤仪、磁力探伤器等。

C 机器设备的老化

机器设备制造完成后，在长期的使用或保管、闲置过程中出现精度下降、性能变坏、价值贬低的现象称老化。研究机器设备老化的规律，是对机器设备进行维修的必要的准备工作。

a. 老化的规律

□ 老化的共同规律

（1）零件寿命的不平衡性和分散性。零件寿命有两个特点，即异名零件寿命的不平衡性和同名零件寿命的分散性。

在机械设备中，每个零件的设计、结构和工作条件各不相同，老化的速度相差很大，形成了异名零件寿命的不平衡性。提高了一部分零件的寿命，而其他零件的寿命又相对缩短了，因此异名零件寿命的不平衡是绝对的，平衡只是暂时和相对的。

对于同名零件，由于材质差异、加工与装配的误差、使用与维修的差别，其寿命长短不同，分布成正态曲线，形成同名零件寿命的分散性。这种分散性可设法减小，但不能消除，因此，它是绝对的。同名零件寿命的分散性又扩大异名零件寿命的不平衡性。

零件寿命的这两个特性完全适用于部件、总成和机械设备。

（2）机械设备寿命的地区性和递减性。机械设备的寿命受自然条件影响很大，如在恶劣工况条件下工作的工程机械、矿山机械等，其行走部分及减速箱的磨损会加剧；气候和地理条件的影响，如在寒冷或炎热以及沙漠地区工作的机械设备，其腐蚀和磨粒磨损剧增，进一步扩大了寿命的分散性。这种影响在相同地区具有相同的趋势，因此称机械设备寿命的地区性。

由于材料的物理机械性能发生变化需要一定的时间，所以零件的许多缺陷只有经过相当时间的发展才逐渐显露出来。受各方面条件的限制和制约，机械设备经过维修，其技术状况通常达不到预定的要求，寿命将随维修次数的增加而呈递减的趋势，即所谓递减性。

（3）机械设备性能和效率的递减性。在机械设备的有形老化中，有些是可以通过维修予以恢复；有些因技术或经济上的原因，在目前条件下还无法彻底恢复；因此，经过维修的机械设备其性能和效率呈递减的趋势，即所谓递减性。

□ **研究老化规律的方法**

对于各种机械设备的老化规律，可以像研究磨损规律那样去研究形成机理、影响因素、延缓措施，从而探索延长寿命的途径。从老化程度急剧增加、工作能力丧失过多、能源消耗过大、工作质量降低到允许限度以下、经济显著地不合算等方面制定出老化的极限，作为维修的依据。

b. 老化后的补偿

机械设备老化后，可以通过维修、更换、更新和改善性修理等方法进行补偿。

（1）维修是对老化的机械设备进行一系列加工修复，使之恢复原来的精度和技术性能。

（2）更换是用性能完全相同的新机械设备替换老化了的旧机械设备。

（3）更新则是用结构和性能较先进的机械设备替换老化了的机械设备。

（4）改善性修理是在机械设备大修的同时，将其部分部件或总成用结构和性能更先进的来替换，使大修后的机械设备结构与性能比以前得到提高，达到或接近改型后的水平。

老化后的补偿形式应根据机械设备有形老化和无形老化的程度进行选择。对能消除的有形老化可通过维修进行补偿，恢复其功能，特别是机械设备中的基础件，它们含有大部分的价值，不可轻易抛弃；对不可消除的有形老化，维修已无意义，必须予以更换才能进行补偿；若有形老化已达到相当程度，而它的无形老化期还没有到来，则通常需要大修；如果有形老化后其大修费用已超过原始价值，或因同时发生了第 1 种无形老化，大修费超过再生产价格时，可予以更换；当有形老化与无形老化同时存在，则应加以更新，用高效的机械设备取代旧的机械设备；在发生完全有形老化的同时，也发生了部分第 Ⅱ 种无形老化，这时应采用改善性修理。

总之，老化后的补偿形式是一种对策，归根到底决定了进行补偿时的经济评价。机械设备在确定其老化的补偿形式时可以有多种，不必拘泥于形式上的统一，从而出现了维修的多样性和复杂性。

相应于各种补偿形式，维修时可把零部件作如下区分：

（1）留用件。未发生老化或虽发生老化但仍能实现其功能的零部件。

（2）返修件。用返修方式进行补偿，全部或局部恢复其功能的零部件。

（3）更换件。用更换方式进行补偿，全部恢复其功能的零部件。

（4）改制件。用技术改造方式进行补偿，提高其功能的新制零部件。

第 4 章　机器设备的维护与保养

你将掌握的内容

>> A　设备备件的管理

>> B　设备的润滑管理

>> C　机器设备的日常维护保养

>> D　机器设备的全面故障管理

A　设备备件的管理

企业中各种机器种类丰富，备件也十分多，机电工务员要认真做好设备备件的管理工作。

a. 设备备件的分类

设备备件分类的方法很多，这里主要以管理和供应有关的方面进行划分。

（1）以备件来源划分，可分为外购备件和自制备件两种。

（2）以备件的精度和制造工艺的复杂程度来划分，可分为关键性和一般性两种。例如对机床配件来说，5 级、6 级丝杠（相当于老标准 0 级、1 级），5 级、6 级齿轮（相当于老标准 0 级、1 级），5 级、6 级蜗轮副（相当于老标准 0 级、1 级），螺旋伞齿轮，精密主轴（镗杆、钻杆、镜面轴），内圆磨头，2.8 米以上长丝杠属关键件，其他属一般件。

（3）以备件传递的能量分，可分为机械备件和电气备件。

备件管理和供应人员，应具备有关物资供应的业务知识，以便按物资管理体系的规定报送申请计划。

b. 备件的储备

□ 备件的储备形式

由于备件在设备结构中所起的作用和装配的形式不同，以及为了延长备件的使用寿命、缩短停修时间等方面的需要，备件必须以不同的形式进行储备，一般有以下几种：

（1）成品储备。有些备件要保持原来的尺寸，如摩擦片、齿轮、花键轴等，必须全部加工完毕进行行储备。

（2）半成品储备。为了延长相配零件的使用寿命，修理时根据测量尺寸进行修配或作尺寸链补偿，为缩短停修时间，对一些备件应进行半成品储备。

（3）毛坯储备。为了在修理时缩短备件的准备时间，对一些机加工工作量不大的铸锻件，可以预先准备。

（4）成对储备。为了保证备件的传动精度和配合精度，有些备件应成对储备，如高精度的丝杆螺母、蜗轮副、镗杆镗套、螺旋伞齿轮等。

（5）部件储备。为了使停修时间缩短到最低程度，从而保证生产的连续进行，把流水线设备上的复杂部件，其他的通用标准部件，如变速箱、磨头、吊车抱闸等，当做备件进行储备。

（6）根据备件的使用寿命，拥有量和消耗量的大小，备件可分为经常储备和间断储备两种。一般来说，最小储备量大于"1"的备件要经常储备，最小储备量小于"1"的可间断储备。

□ 备件的储备定额

确定备件的储备定额，应当根据满足维修的需要和不积压备件资金的原则进行。

（1）确定储备定额的方法及有关问题。储备定额不能死板地按公式计算，应考虑以下几方面的因素：

①对完成生产计划起决定作用的设备，其备件储备的品种和数量都要多一些，要经常储备；

②新投产的设备，确定其备件的储备定额应采取从小到大、由少到多的方法；

③难以订购和有订购起点数的备件，储备量可适当增加；

④设备型号特别多的企业，备件的品种也必然多，为保证供应，储备的品种和数量也应多一些。

确定备件的储备量，除考虑上述因素外，还应考虑到其他因素，如因生产计划调整而使设备开动班次增减、事故损坏、外购件不能按期到货等。因此，已制定的储备定额，应根据实际情况定期修订。

（2）备件储备量可按下列公式计算：

①每月平均消耗量：

$$每月平均消耗量=\frac{一台设备零件使用量×同型号设备数}{零件使用期（月）}$$

②储备定额：

储备定额＝每月平均消耗量×订货周期（月）＋每月平均消耗量

备件的最低储备量，应保证各类修理和日常维修需要。一般不得低于该零件的月份平均消耗量，以保持仓库经常备有一定数量的备件。备件的最高储备量应不高于储备定额加月份平均消耗量，以免积压资金。对同型号较多的设备，可考虑适当降低储备定额。

表 4-1　设备附件、工具明细表

设备编号		设备名称		型号规格	
制造厂国别		出厂编号		使用部门	
随机附件				工　具	
序号	名　称	规格	数量	序号	名　称	规格	数量

序号	名　称	规格	数量	序号	名　称	规格	数量

移交部门	使用部门	设备动力科	移交日期

表 4-2　随机备品配件入库单

设备编号		设备名称		型号规格	
制造厂国别		出厂年月		出厂编号	
备件编号	备件名称	型号规格	单位	数量	备　注

移交人　　　　　接收人　　　　　年　月　日

c. 备件的生产及申购

编制自制及外购备件申请计划的依据：

（1）各类备件汇总表。

（2）年度大修理计划用备件，一般按修前编制的缺损件明细表整理。

（3）一、二级保养和值班维修用备件，由各车间机电工务员按规定的时间、内容提出申请。

以上两项与库存数核对，根据储备定额确定计划申请的数量。

（4）备件库、毛坯库最小储备量的补缺数，由备件库按规定时间提报。

以上资料来源，由机电工务员综合整理，根据机修车间及本企业生产能力，同时按类别分为以下几类：

①本企业（包括机修车间及生产车间）自制的备件；

②需要申请订购的（专用机械零件）外购件；

③维修用通用商品件（配套产品）；

④铸钢件。

自制备件、外购备件、外协件等，由设备动力科备件技术员提供图纸，编制计划，交有关人员执行。

B 设备的润滑管理

a. 设备润滑的要求

（1）根据设备润滑部件和润滑点的位置进行加油、换油，并熟悉其结构和润滑方法。

（2）按照润滑卡片或图表规定的油品使用。油质必须经过检验，符合国家标准。清洗换油要保证质量，润滑器具要保持清洁。设备上各种润滑装置要完整，并防止尘土、铁屑、粉末、水分落入。

（3）根据设备润滑的实际需要，在保证润滑良好的基础上，规定换油、添油、日常润滑、清洗用油定额。

（4）按照润滑卡片或润滑图表规定的时间进行加油、添油、清洗换油。

（5）按照专群结合的原则，规定哪些润滑部位和润滑点由操作工人负责加油，哪些润滑部位和润滑点由维修钳、电工负责加油，哪些润滑部位和润滑点由润滑工人负责加油、添油和换油，并逐步实行润滑工人分区域包机制。

b. 润滑油的定额与申领

为了保证设备合理维修、安全运行、节约油料、降低设备使用费用，必须制定设备润滑油料消耗定额，实行定额管理。

润滑油料的消耗定额包括四个部分：定期换油量，定期添油量，日常维护用油量和检修清洗用的油量。油料消耗定额，可用计算和实际测定两种方法确定。各种油料消耗定额的经验数值见表 4－3、表 4－4、表 4－5、表 4－6、表 4－7、表 4－8 所示。

表 4－3　各类设备日常维护润滑油脂消耗定额参考表

设备类别	设备名称	每一复杂系数消耗定额 g/班	推荐工业油牌号
金属切削机	立式车床、落地车床、管子切割机床	20～35	30～70 号机械油
	普通车床、铲齿车床、半自动车床、多刀自动车床、滚齿机、插齿机、蒯齿机、弓锯床、圆锯床、插床、切螺纹机	20～30	20～40 号机械油
	六角车床、仿型铣床、靠模铣床、立式钻床	15～20	30 号和 40 号机械
	油液压牛头刨床、拉床	20～25	20 号机械油
	万能铣床、卧式铣床、立铣、牛头刨床、摇臂钻床	20～25	30 号和 40 号液压油
	卧式镗床、龙门刨床、刨齿机、龙门铣床	25～30	20～50 号机械油
	坐标镗床、金刚镗床、镗缸机、精磨床	25～30	20 号液压油 40 号液压导轨油
	万能磨床、外圆磨床、内圆磨床、无心磨床、平面磨床、花键磨床、螺纹磨床、曲线磨床	20～30	2、4、6、10 号主轴油 20 号液压油
	工具磨床、拉刀磨床、钻头磨床	20～30	30 号和 40 号机械油

续表

设备 类别	设备名称	每一复杂 系数消耗 定额 g/班	推荐工业油牌号
设备自动 和线上 机床的	料斗	12	30 号机械油
	运送成品的运输设备	15	50 号机械油
	运送切屑的运输设备	12	30～50 号机械油
锻 锤	空气锤	35～45	50 号机械油
	蒸汽锤	50～65	11 号 24 号汽缸油
	弹簧锤 摩擦锤	20～30	50 号机械油 11 号汽缸油
压 力 机	液压机	20～35	10～50 号机械油 11 号汽缸油 15 号车用 机油
	龙门剪床	15～20	50 号机械油
	偏心压力机、曲轴压力机、摩擦压力机	30～45	1、2、3 号钙基润滑
铸 工 设 备	造型机	25～30	20～50 号机械油 1 号、2 号钙基润滑 脂
	混砂机	20～25	50 号机械油 11 号、2 号钙基润滑 脂
	喷砂机、抛砂机	10～12	30～50 号机械油 1 号、2 号钙基润滑 脂
	清理式、空气式落砂机	7～10	
	松砂机	5～7	30～50 号机械油
	球磨机	6～8	1 号、2 号钙基润滑脂
木 工 设 备	木工钻床、磨床、磨刀机	8～12	30～50 号机械油
	木工铣床、四面木刨床	15～20	1 号、2 号、3 号钙基 润滑脂
	木工车床、刨床、插床、画线机、带锯机、圆 锯机	12～15	

续表

设备类别	设备名称	每一复杂系数消耗定额 g/班	推荐工业油牌号
起重输设备	电动桥式起重机	20～25	30～50 号机械油 11 号、24 号汽缸油 1 号、2 号、3 号钙基润滑脂
	桥式手动起重机、电动卷扬机	15～20	
	电动葫芦	12～15	
	手动梁式起重机		
起重输送设备	电动桥式起重机	20～25	30～50 号机械油 11 号、24 号汽缸油 1 号、2 号、3 号钙基润滑脂
	桥式手动起重机、电动卷扬机	15～20	
	电动葫芦	12～15	
	手动梁式起重机		
	旋转式蒸汽铁道起重机	100～125	
	汽车吊、带式旋转起重机	150～200	
	带电驱动的旋转式悬臂起重机	10～25	
	电动起重机	25～30	
	气动起重机	15～20	
	升降机	30～40	
	运输机	80～100	
	提升机	60～80	
	自动装卸车	12～15	
	钢丝绳润滑防锈用	每 m500g	2 号钙基润滑脂钢丝绳脂

表 4—4　循环式飞溅润滑的密封油箱每班消耗定额参考表

油箱容量（kg）	消耗量（g）	油箱容量（kg）	消耗量（g）	油箱容量（kg）	消耗量（g）
10 以内	0.60	101～150	0.29	501～600	0.23
11～20	0.50	151～200	0.27	601～700	0.22
21～30	0.44	201～300	0.26	701～800	0.21
31～50	0.40	301～400	0.25	801～900	0.20
51～100	0.34	401～500	0.24	901～1000	0.19

注：密封性较差的齿轮传动装置，消耗量可按上表加大 0.5～1 倍。

表4-5　滴油及油线润滑的滑动轴承每班耗油参考表

轴的直径（mm）	轴 的 转 数 （转每 min）							
	50	100	150	250	350	500	700	1 000
	每 班 耗 油 量 （g）							
30	1	1	3	6	7	10	14	20
40	1	2	6	9	12	18	24	34
50	3	5	9	14	20	28	40	68
60	5	10	14	22	31	45	62	90
70	7	13	19	32	44	63	88	127
80	9	17	26	42	59	84	118	168
90	11	22	33	54	76	108	152	216
100	14	28	42	72	96	140	196	280
110	18	34	52	88	120	172	240	346
120	22	42	62	104	140	208	288	—
130	26	51	77	128	180	256	360	—
140	30	61	91	152	212	304	—	—
150	35	70	106	176	248	350	—	—

表4-6　空压机运动机构与汽油填料用油消耗量参考表

排气量 （m³/min）	耗油量 （g/h）	
	有十字头	无十字头
3	—	40
6	—	70
10	75	90
20	105	180
40	150	—
60	195	—
100	255	—

表 4－7　机床导轨润滑系数表

接触表面面积 S（mm²）	润滑系数 K					
	手加油				利用加油滚	循环润滑
	连续的		间断的			
	水平的	垂直的	水平的	垂直的		
500 以内	16	24	12	18	12	6.0
500～800	14	20	11	17	11	5.5
800～1000	12	18	10	16	10	5.0
1 000～2 000	10	16	8	14	8	4.0
2 000 以上	8	14	6	10	6	3.0

机床导轨每班润滑材料消耗计算公式：

$$Q（g）=\frac{K \cdot S}{1\ 000}$$

式中：S——导轨面积（mm²）

　　　K——系数

表 4－8　每一个机械修理复杂系数清洗用油消耗定额参考表

设　备　的　状　况	定额（g）
安装、大修理、二级保养封存闲置设备维护	300～500/次
保养	100～120/次
一级保养	50～100/次

注：表列数量为第一次投放的新油数量。一般设备的粗洗可利用旧油进行，装配前用新油清洗干净后再装配。

设备的添油量：设备每次添油量，一般不超过该设备油箱一次加油量的 10%。如 C6136 车床油箱加油量为 10kg，其每次添油量不应超过 1kg，如超过，应检查漏油部位，并进行治漏。

C 机器设备的日常维护保养

a. 机器设备的分类管理

在一定时期内，企业的机器设备维护保养资源是有限的，机电工务员负责的机器设备维护保养工作是非常重要的。因此，必须把机器设备按 ABC 分类法把设备分为重点设备即 A 类设备，非重点设备即 B 类与 c 类设备，然后加以分类管理，把工作的重点放在 A 类重点设备上。

□ 机器设备分类的方法

（1）评价因素。确定设备重要程度的基本因素是：设备在综合效率即产量、质量、成本、交货期、安全等方面影响程度的大小。由于设备的类型、工艺特点、使用要求不同，应该恰当地选择自身的评价因素。设备评价因素的选定依据见表 4—9。

表 4—9 设备评价因素的选定依据

影响因素	选 定 依 据
生产方面	1. 单一设备，关键工序的关键设备（包括加工时间较长的设备） 2. 多品种生产的专用设备 3. 最后精加工工序无代用设备 4. 经常发生故障，对产量有明显影响的设备 5. 产量高，生产不均衡的设备
质量方面	1. 影响质量很大的设备 2. 质量变动大，工艺上粗精不易分开的设备 3. 发生故障即影响产品质量的设备
成本方面	1. 加工贵重材料的设备 2. 多人操作的设备 3. 消耗能源大的设备（包括电能、热能） 4. 发生故障造成损失大的设备

续表

影响因素	选 定 依 据
安全方面	1. 严重影响人身安全的设备 2. 多人操作的设备 3. 发生故障对周围环境保护及作业有影响的设备
维修性方面	1. 技术复杂程度大的设备 2. 备件供应困难的设备 3. 易出故障，且不好修理的设备

（2）评分标准。在同一评价因素内部，根据重要程度、影响程度不同，分别给予相应的分数。由于每一个因素情况不同，可以分别规定几个档次及相应的分数。例如，情况比较简单的，一般分为三个档次，最重要的或影响最大的，规定为5分；中间状态的为3分；最小的规定为1分。如表4—10所示。

表4—10　设备评分表

序号	项　　目	评分标准	评 价 标 准
1	发生故障时对其他设备的影响程度	5/3/1	5. 影响全厂 3. 影响局部 1. 只影响设备本身的
2	发生故障时有无代用设备	5/3/1	5. 无代用设备，或虽有代用设备，但仍直接影响全厂生产计划的 3. 有代用设备，但使用代用设备后影响车间生产计划的 1. 有代用设备，使用代用设备后对生产基本无影响的
3	开动形态	3/2/1	3. 三个班次开动的 2. 两个班次开动的 1. 单班开动的
4	加工对象的工艺阶段	5/3/1	5. 产品部件或关键零件的最后加工工序 3. 一般精加工或半精加工 1. 粗加工
5	加工对象的质量要求	3/1	3. 对加工零件精度有决定性影响 1. 对加工零件精度无决定性影响

续表

序号	项　　目	评分标准	评　价　标　准
6	故障修理的难易程度	5/3/1	5.30F 以上或备件需向国外订购的 3.15F～20F 1.14F 以下
7	发生故障时对人和环境的影响	5/3/1	5.发生故障时易爆炸或易发生火灾的 3.发生故障抢修时需停止周围设备运转的 1.无特殊影响的设备
8	设备原理	5/3/1	5.原值 20 万元以上 3.原值 3 万至 20 万元 1.原值 3 万元以下

(3) 设备分类。依据上述评价因素和评分标准，对每台设备进行评定。在设备得分总和的基础上进行分类，例如，有的企业将设备划分为四大类：A 类为重点设备；B 类为主要设备；C 类为一般设备；D 类为次要设备。得分总和20分以上为 A 类重点设备；12～19 分为 B 类主要设备；6～11 分为 c 类一般设备；1—5 分为 D 类次要设备。

□ 不同设备的管理方法

针对不同类型的设备，应采用不同的管理方法，包括不同的完好标准要求以及不同的日常管理标准、维修对策和备件管理、资料档案、设备润滑等。以四类设备为例：

(1) 四类设备的不同完好标准：

A 类设备：①每年进行 1～2 次精度调整，主要项目的精度不可超差。②每月抽查 5～10 台份。③抽查合格率达 90％以上。

B 类设备：①按规定完好标准每月抽查 5～10 台份。②抽查合格率达 87％以上。

C 类设备：①做到整齐、清洁、安全、满足生产与工艺要求。②每月抽查 5％台份。③抽查合格率达 87％。

D 类设备：与 c 类设备要求相同。

(2) 四类设备的日常管理标准见表 4—11。

(3) 四类设备的维修对策见表 4—12。

表 4-11　不同类型设备的日常管理标准

项目 设备类别	日常检点	定期检点	日常保养	一级保养	凭证操作	操作规程	故障率（%）	故障分析	账卡物
A	√	按高标准	检查合格率100%	检查合格率95%	严格定人定机检查合格率100%	专用	≤1	分析摸索维修规律	100%
B	√	按一般要求	检查合格率95%	检查合格率90%	定人定机检查合格率95%	通用	≤1.5	一般分析	100%
C	×	×	检查合格率90%	检查合格率85%	定人定机检查合格率90%	通用	2.5	×	100%
D	×	×	定人清扫保养	定期保养	通用	1	≤3	100%	

表 4-12　不同类型设备的维修对策

项目 设备类别	方针	大修	预修	精度调整	改善性维修	返修率（%）	维修记录	维修力量的配备
A	重点预防维修	√	√	所有精密大型设备	重点实施	2	100%	1. 应投入维修力量的40% 2. 安排技术熟练、水平高的维修人员
B	预防维修	√	√	×	实施	2.5	98%	1. 应投入维修力量的55% 2. 安排技术熟练水平较高的维修人员

续表

设备类别＼项目	方针	大修	预修	精度调整	改善性维修	返修率（%）	维修记录	维修力量的配备
C	事后维修	×	×	×	×	×	填写"病历卡"	1. 应投入维修力量的5% 2. 安排一般技术的维修人员
D	事后维修	×	×	×	×	×	×	同 C 类设备

（4）四类设备的备件管理、资料档案、设备润滑要求见表4—13。

表4—13　不同类型设备的备件管理、资料档案等要求

设备类别＼项目	备件管理		资料档案			设备润滑				
	管理要求	储备方式	说明书	备件图册	技术档案	润滑五定*		计划换油		治漏率
						图表	卡片	完成率	对号率	
A	1. 建卡、磻定最高最低储在量 2. 供应率100%	零件部件	95%	90%	98%	90%	100%	95%	95%	95%
B	1. 同 A 类 2. 供应率90%	零件	90%	85%	90%	85%	100%	90%	90%	90%
C	1. 建卡 2. 供应率50%	零件	50%	50%	50%	70%	100%	80%	80%	80%
D	同 C 类	零件	50%	50%	50%	70%	100%	80%	80%	80%

* 润滑五定：定点、定质、定量、定期、定人。

□ 设备验收

（1）设备外观检查和安装正确性检查。

（2）设备空运转、负荷运转及操纵、传动系统的状况。

（3）按出厂检验的精度的标准和项目检验精度。

（4）电气控制系统的状况。

（5）液动系统的状况。

（6）安全防护装置和环保性能。

（7）按装箱单清点附件、工具、备件。

b. 机器设备的使用

（1）在生产中一般由操作工人直接参与设备管理，使工人能熟悉设备的工作原理、性能、构造，更好地操作、使用机器。

（2）操作工人要遵守以下安全操作规程；凭操作证使用设备，保持设备整洁并按规定加油，管好工具、附件，不得遗失；发现故障立即停车检查，自己不能处理的通知机电工务员处理。

（3）按规定的保养周期和作业范围进行设备的保养。

（4）每隔一定的时间对设备的重要部位进行检查，发现问题，及时处理。

（5）操作工人在交接班时，对设备的各个部位、附件、工具，进行比较全面的检查和交接。

（6）机电工务员要教会操作工人使用维护机器的方法，帮助操作工人掌握机床性能、结构和工作原理，定期检查机床保养情况，及时完成检修任务，保证检查质量。

（7）搞好设备的清洁、润滑、紧固、调整和防腐，设备使用记录齐全、准确。

c. 机器设备的点检

机器设备的点检是指为了维持设备所规定的机能，在规定时间内，按规定的检查内容和周期，由机电工务员凭感官感觉和简单测试工具，对设备所进行的一种检查方式。

□ 机器设备点检的类型

（1）日点检。每日由操作工按规定内容进行的日常点检，一般应用于 A 类重点设备，大批量生产线或流水线上的设备，精、大、稀设备以及动能发生设备、受压容器、桥式吊车等特种设备。

（2）周点检。一般应用于热加工铸造和锻造连续性生产较强的设备。组织方法有两种：

①每周由机电工务员进行。

②以机电工务员为主，操作工配合进行。

（3）半月或月点检。每半月或一个月以机电工务员为主、操作工为辅进行的点检。这种点检经常是连检带修，一般用于生产线、流水线上的设备，或连续性生产较强的设备。在当月生产任务提前完成后，利用月末进行检查与修理。

□ 机器设备点检的作用

（1）可以及时发现设备隐患，有利于及时采取防范措施，防止突发性故障的产生，确保设备正常运转和生产的正常进行。

（2）设备点检是以预防为主，是预防维修的基础。推行设备点检，可以使设备状况得到进一步改善，设备完好率稳定提高。

（3）操作工人参加设备的日常点检，促进了设备操作工人对设备结构、性能的学习和掌握，提高了自觉爱护设备的责任心和设备保养水平。

（4）点检是设备运行信息反馈的主要渠道之一，是编制设备预修计划和进行改善维修的依据之一。通过点检取得了设备技术状态的第一手资料，使设备检修计划更加符合实际。

□ 机器设备点检的内容和方法

机器设备点检的内容主要有：

（1）易于引起故障和发生故障的部位、机构和机件。

（2）安全防护装置。

（3）润滑系统、操作系统、液压系统和电气系统等。

点检内容应简单明了、针对性强和切合实际，凭感官感觉或简单测试工具可以发现。同时，对于不同类型、不同质量和不同加工对象的设备，应该有所侧重。

多数企业的日点检，由操作工人按点检表（见表4－14）上规定的内容，逐项检查，并把检查结果在点检表上登记规定的符号。把点检表与交接班记录本结合起来，表上除点检内容外，还有每天实际运转台时记录、点检异常情况、修理以及修理工时记录等。

表 4—14　磨床日点检表

项目	检查项目	检查内容	检查方法	备注	
A		润滑油箱中是否加了油，压力是否正常	目视确认		
B	异音	开动时，旋转部分是否有异常声响	听音检查		
C	尺寸控制装置	运行是否正常	目视确认		
D	漏油	油管，油压泵是否漏油	目视检查		
E	安全机构	异常停机、异常退刀是否正常	操作试验		

日期／项目	1	2	3	4	5	6	7	8	9	10	11	12	13	14	15	16	17	18	19	20	21	22	23	24	25	26	27	28	29	30	31
A																															
B																															
C																															
D																															
E																															
说明	记录符号：良好√；可以△；不好×																														

　　对于日点检，当机电工务员在责任区域巡检时，发现点检表上异常符号时，应立即进一步复查并及时加以排除，同时做好检修记录。

　　除了由操作工人记录的日点检表以外，还有机电工务员负责点检并记录的周点检表（见表 4—15）与月点检表（见表 4—16）。

表 4—15　机械压力机定期检查卡——周点检表

序号	检查项目	检查内容及要求	周次			
			1	1	3	4
1	检查管道漏油、漏气情况	需特别注意管接头				
2	检查油位	检查润滑器、润桁油箱、气垫油缸、滑块内的油面、润滑器的油箱、油泵及油脂泵油箱的油位及润滑情况				
3	检查润滑点的润滑情况	检查滑块夹条和衬垫的润滑情况、检查油位指示器的节流阀				

续表

序号	检查项目	检查内容及要求	周次			
				1	1 3 4	
检查符号	检查方法：听、看、试完好√，异常▽，待修×，修好⊗		机			
			电			
			润			
处理意见						

表4-16 机械压力机定期检查卡——月点检表

设备编号：年 月 设备型号名称：E4 Si000 四点单动压力机

序号	检查项目	检查内容及要求	检查结果	说明
1	检查摩擦片	测量离合器制动片的行程，行程在 3.5mm 时应加以调整，磨损达 8mm 应予以更换		
2	检查活动垫板的限位开关性能			
3	检查主电机三角皮带的张力	用一只手推动皮带（15~20kg），其松弛大于 15~25mm 时，需调整主电机座		
4	检查有无零件松动	检查摸具夹钳螺母的接触母，必要时检查凸轮轴、气垫停止器等零件是否松动		
5	排放空气滤清器	开启和关闭流阀		
6	排放气锤			
7	检查继电器	检查 B/CR、C/R、S/CR 及 fU CR 等继电器的稳定性和弯曲情况		
8	检查指示灯	进行开与关的试验		
9	检查润滑情况	检查外露齿轮（如点动减速齿轮），滑块调整指示器齿轮等润滑情况，必要时加以润滑		
10	检查油池的油位	检查滑块调整减速器及活动垫板减速齿轮的油位		

续表

序号	检查项目	检查内容及要求	检查结果	说明
11	检查转动凸轮的行程量（三个月一次）	为了防止重压，将转动凸轮停止上死点，再停辅助凸轮及重动防止凸轮，然后将压力机停在上死点，松开凸轮锁，转动旋钮，用目测或尺测量		
检查符号	完好√，异常▽，待修×，修好⊗			
处理意见				

D　机器设备的全面故障管理

机器设备的全面故障管理，就是对故障的要素，包括故障部位、现象、程度、发生时间、频率、原因等进行全面有效的监督、控制、分析、研究，并采取相应的对策以消除故障。

a. 机器设备故障的要素

表 4-17 为某机器设备故障的要素举例。

b. 全面故障管理的步骤

（1）积累故障的原始资料。建立主要生产设备的修理记录，记录故障发生的时间、停歇时间、故障情况及排除方法、修理者等情况。经过长时间故障的原始资料的积累，对于设备容易发生哪些故障，现状如何，今后还可能发生什么故障等情况，就比较清楚。

（2）故障统计。通过修理记录，定时对各台记录的停歇次数、停歇时间、多发性故障、重复性故障等情况进行统计、归纳、汇总，从中找出应进行故障分析的设备。

表 4—17　机器设备的故障要素举例

故障部位	故障形式 现象	故障程度	故障发生时间	直接原因	故障原因 二次原因	故障原因 基础原因 C. 管理的原因	A. 技术的对策	B. 教育的对策
1. 回转机械轴承、外壳、齿轮、叶片、接手、架台、基础本体等。	1. 磨损	1. 不能修复	1. 起动时	1. 设备计划不同	A. 技术原因	1. 最高管理者的责任感不强	1. 设计的改善	1. 充实技术教育
2. 塔槽类本体、髓、脚、架台等	2. 磨蚀	2. 更换零件可能修复	2. 运转中	2. 计划	1. 机械装置设计上的技术缺陷	2. 设备管理组织的缺陷	2. 设备的改善	2. 机器修理方法的教育训练
3. 热交换器类外筒、管板、折流管等	3. 腐蚀	3. 部分修补可修复	3. 领先日常点检发现	3. 材质	2. 维修管理上的技术缺陷	3. 技术教育不完备	3. 维修制度的确立	
4. 配管、管筑兰、阀接手、支撑等	4. 下垂	4. 全面更换	4. 依靠定期检查发现	4. 制造、装配	3. 技术对策的技术缺陷	4. 设备基准制度不明确	4. 设备基准的改订	
	5. 脱落	5. 全面修理		5. 安装	4. 故障诊发的技术缺陷	5. 点检制度的缺陷	5. 作业方法的改善	
	6. 拒斜			6. 接受检查	5. 制造厂家的技术缺陷	6. 反馈制度不完备	6. 材料更新	
	7. 变形			7. 点检作业计划	B. 教育的原因	7. 配置和人事管理不周全	7. 设备更换	
	8. 疲劳			8. 点检作业	1. 技术知识的欠缺		8. 零件更换	
	9. 龟裂			9. 修理计划				
	10. 破损			10. 修理作业				
	11. 剥离			11. 润滑				
	12. 泄漏			12. 运转（误操作）				
	13. 堵塞			13. 收拾（扫除）				
	14. 污损			14. 搬运作业				
	15. 烧损			15. 试运转				
	16. 烧附			16. 自然劣化/寿命				
	17. 异音							

续表

故障部位	故障形式			故障原因			
	现象	故障程度	故障频率	直接原因	二次原因	基础原因	
5. 电动机转子、定子、轴承等	18. 振动		1. 初期故障	17. 环境不良	2. 对设备基准的误解或不理解、轻视	8. 缺乏勤劳意识	3. 点检验查方法的教育训练
6. 配线开关	19. 移动		2. 偶发故障	18. 由于物性	3. 训练未成熟，有不良习惯	9. 生产计划不周	4. 运转方法或操作方法的教育训练
7. 计量仪器	20. 发热		3. 经常发生的故障	19. 过负荷	4. 经验不足，无经验	10. 对策预计不周	5. 本人的自觉
8. 其他	21. 带热		4. 其他	20. 不可抗力……天灾等	5. 不注意		C. 管理的对象
	22. 断油		因故障对其他的影响				1. 增强最高管理者的责任感
	23. 熔断		1. 对生产有影响				2. 改进维修管理者的责任感
	24. 动作不良		2. 对生产无影响				3. 充实维修教育制度
	25. 接触不良						4. 及时实施对策
	26. 漏电						5. 改善人事管理
	27. 短路						6. 提高勤劳意识
	28. 绝缘不良						
	29. 断线						
	30. 接地						
	31. 爆发						
	32. 其他						

（3）故障分析。对故障停歇时间长（故障强度大或维修性差）、故障频率高（可靠性高或解决不力）的设备，尤其是重复性故障和多发性故障，由机电工务员会同主管进行分析，分析事故的性质及真实原因。遇到涉及面广或是分析不透的故障问题，提到技术部门的故障分析会上研究解决。

（4）计划处理。通过分析找到发生故障的真实原因，进行针对性的计划处理。如把对操作、工艺、设备选型不合理造成的故障，通知有关部门，要求限期解决；对失去修理价值的设备，则提请报废，进行更新；对需要解决润滑、备件，需加强改善管理或需要改善性修理的设备，要写明要求解决的内容和时间，送交有关部门；对于维修不当或失修的设备，视不同情况予以落实修理级别与时间。

（5）计划实施。根据计划处理阶段排定的工作内容、措施、要求、时间等落实到有关部门或个人，督促实施。

（6）效果检查。对实施的质量及效果由专人检查和评定。

（7）成果登记。把实施成果以书面形式进行登记，用以指导今后的维修工作。

（8）反馈。自然反馈，把由于上次分析的结果不正确，因而造成采取的措施不力，在生产过程中又自然地重复出现的情况进行总结，并加以改进。

c. 常用机器设备的故障处理

常用机器设备的故障处理如表4－18、表4－19，表4－20、表4－21、表4－22、表4－23、表4－24、表4－25、表4－26、表4－27、表4－28、表4－29。

表4－18　变速机的故障处理

序号	故障现象	故障原因	处理方法
1	振动	机组对中不良 连接件松动，配合精度破坏 动平衡破坏	检查、调整机组对中 紧固螺栓 检查转子动平衡
2	噪音过大	润滑不良 齿轮啮合不良 各部位配合精度降低、磨损严重	检查、更换润滑油 检查调整齿轮啮合 检查调整各配合精度

续表

序号	故障现象	故障原因	处理方法
3	密封泄漏	轴封、机封磨损 油位过高 轴承或轴颈损坏	更换轴封、机封 调整到要求油位 更换轴或轴承
4	轴承温度高	润滑不良 磨损严重 装配质量差	检查油位、油压或油质 更换轴承 检查调整装配间隙

表 4—19　皮带运输机的故障处理

序号	故障现象	故障原因	处理方法
1	皮带跑偏	滚筒位置偏斜 托辊与运输机纵向中心线不垂直 机架不平或变形	调整滚筒位置 调整托辊位置 找平或校正机架
2	皮带打滑	皮带张紧度不够 滚筒外皮磨损严重负荷过大或下料不均匀	调整皮带张紧度 修复或更换滚筒外皮控制负荷
3	清理器卡涩	皮带接头损坏，卡子或螺栓松动 刮板对皮带的压力过大	修理或更换接头，紧固螺栓 调整刮板对皮带的压力

表 4—20　普通车床的故障处理

序号	故障现象	故障原因	处理方法
1	溜板箱自动走刀时，起落蜗杆手柄容易脱落或脱不开	脱落蜗杆压力、弹簧压力不合适 脱落蜗杆控制板磨损太大	调整压力弹簧松紧 焊补控制板，将挂钩修锐

续表

序号	故障现象	故障原因	处理方法
2	车制小螺纹时出现螺距不等现象	主轴轴向游隙过大 挂轮传动链间隙过大 丝杠轴向游隙过大和丝框接合器接触不良 溜板箱开合丝母闭合不稳定	调整主轴轴向游隙 检查调整挂轮架齿轮啮合间隙 调整丝杆连接轴轴向游隙，调整修复接合器接触状况 调整开合丝母塞铁使之开合轻便、定位稳定可靠
3	精车螺纹表面有波纹	丝杆轴向游隙过大	检查修整丝杆轴向窜动量
4	小刀架精车锥孔时素线直线度或粗糙度差	小刀架滑动面间隙过大 小刀架导轨面与主轴中心线平行度超差	检查修刮调整滑动面间隙 刮研修整小刀架导轨面
5	圆柱工件加工出现锥度、圆柱度和圆度超差	主轴中心线对溜板移动导轨平行度超差 主轴轴承间隙过大 主轴轴颈圆度超差	校正主轴中心线的安装位置 调整主轴轴承间隙 修磨主轴轴颈
6	精车外圆时表面重复出现与轴心平等或成某一角度的有规障波纹	主轴上传动齿轮啮合不良 主轴轴承间隙过大或过小	齿轮啮合间隙过小应研磨，过大应更换 按精度要求调整主轴轴承间隙
7	精车外圆对表面每隔一定长度重复出现一次波纹	溜板箱纵走刀小齿轮与齿条啮合不良 走刀光框弯曲过大 送刀箱、溜板箱、托架三孔不同心 溜板与导轨接触间隙大	检查齿形，修正啮合间隙 校正光杠，装配后移动溜板箱应无轻重感觉 检查并调整线杠、光杠、操纵杆及三孔的平行度修理调整接触间隙

续表

序号	故障现象	故障原因	处理方法
8	精车外圆时表面出现混乱波纹	主轴轴向游隙过大 主轴滚动轴承滚道磨损 卡盘法兰螺纹与主轴螺纹配合松动 刀架导轨滑动面间隙过大	调整主轴后端推力轴承 更换滚动轴承 重新配制卡盘法兰 检查调整间隙
9	精车外径时每转在圆周表面有一处振动	主轴滚动轴承部分滚动体磨损	更换主轴滚动轴承
10	机床开动时噪音过大	齿轮啮合不良 挂轮架齿轮啮合间隙太小或太大	检查调整齿轮啮合位置 检查调整齿轮啮合间隙

表 4—21　立式车床的故障处理

序号	故障现象	故障原因	处理方法
1	C516 错变速	电器变速开关接触不好电磁滑阀失灵 油缸柱塞及拨叉拉杆动作不灵	修理电器开关 调节电磁铁顶块螺钉调整修理柱塞及拉杆
2	C512 进给变速拉标错位	拉杆定位钢球未被上盖压紧,定位失灵 弹簧失灵	压紧钢球,使定位准确 更换弹簧
3	横梁升降水平不稳定	升降丝杠与丝母间隙过大 导轨、镶条接触不良	修整间隙或移动横梁后反向行程,消除间隙 检查修整接触间隙
4	立刀架进给量不稳定	镶条松动,背帽紧固不牢 回转座与滑座紧固不牢	检查并调整间隙 紧固回转座与滑座
5	工作台振摆过大	主轴轴承径向间隙过大	调整主轴轴承径向间隙

续表

序号	故障现象	故障原因	处理方法
6	立刀架手轮缓量大	传动环节间隙过大	控制各环节间隙
7	上、下进刀箱传动光杆在工作中发热	进刀箱中有研伤现象 光杆上、下同轴度超差	修刮研伤部位 重装支架，调整上、中、下三点对床身导轨距离
8	加工工件圆度超差	工作台振摆超差	调整主轴轴承间隙，修刮导轨面
9	加工件出现锥度	镶条松动 导轨配合不良 刀架上、下移动对工作台面垂直度超差	调整镶条 检查修整刀架导轨，使接触良好 检查修整刀架，使垂度符合精度标准

表4—22　卧式镗床的故障处理

序号	故障现象	故障原因	处理方法
1	镗轴上装刀镗孔时，孔的圆度超差	镗轴旋转精度差	分别测量并标记空心主轴及其上四个轴承的径向圆跳动值及相位，再按相位差180°装配
2	镗孔时出现不均匀螺旋线	装刀机构蜗轮蜗杆啮合间隙过大 主轴上键与键槽配合过松	调整蜗轮副间隙 按配合要求重新配键
3	镗轴镗孔后，再用平旋盘孔扩孔，同轴度超差	镗轴与钢管间隙过大 镗轴与平旋盘回转中心不一致 平旋盘各轴承同心度差	修复镗轴，更换钢套调整配合间隙 以平旋盘锥体为基准刮研平旋盘锥孔 检查调整各轴承的同心度

表 4—23　铣床的故障处理

序号	故障现象	故障原因	处理方法
1	变速转换手柄用力超过20kg 仍搬不动	手柄轴与孔活动受阻扇形齿轮与齿条卡住拨叉移动轴变曲或磨损	拆卸修光并润滑调整啮合间隙进行校直、修光或更换
2	开动进给时，保险接合子响，电机停止转动逆转时却正常	锁紧摩擦片调节环的定位脱出，故障擦片间隙不够，摩擦离合器也同时起了作用	调整摩擦片间的总间隙
3	铣削开始时，进给箱内有破裂声	保险接合子销子压得太紧	调整保险接合子
4	手柄放在断开位置，升降供给中断，但电机继续转动	控制凸轮下的终点开关传动杠杆高度未调整好	调整压在终点开关上的杠杆
5	按"快速行程"按钮，接点接通，但升降台无快速行程反应	"快速行程"大电磁吸铁上的螺帽松动	摩擦片总间隙太大
6	工作台纵向行程开关手柄不起作用	进给机构中连锁接点没有闭锁	调整进给机构中凸轮下终点开关上的销子
7	工作台底座横向移动阻塞	传动丝杆与丝母同轴度超差	调整丝母支架

续表

序号	故障现象	故障原因	处理方法
8	加工工件表面在接刀处不平	主轴中心线与床身导轨面垂直度超差	检查并修刮达到精度标准
9	变速时，齿轮不转	主运动电机冲动线路接触点失灵	调整冲动小轴尾端的调整螺钉

表 4—24　龙门刨床的故障处理

序号	故障现象	故障原因	处理方法
1	工作台运行不稳定	润滑油压力超过工作台重量 齿条与蜗杆啮合接触不良，或齿条接头处齿距不符标准	疏通回油孔，调整润滑油压力 检查修整齿条与蜗杆的接触间隙，按标准调整齿条接头齿距
2	横梁在上、下位置时，平行度超差	夹紧装置接触不良，各点受力不均 两根丝杠磨损不一致，相同位置上螺距累积误差相反	检查修刮夹紧装置 拆卸修复丝杠
3	精加工工件表面粗糙度差	装刀座与刀架座配合间隙过大 走刀箱离合器弹簧压力过大或过小 进给箱涨紧环位置不正确	检查修刮座体达到配合间隙要求 调整离合器弹簧 调整或更换涨紧环弹簧

表 4—25　牛头刨床的故障处理

序号	故障现象	故障原因	处理方法
1	加工工件表面粗糙度差	滑枕移动方向与摇杆摆动方向不平行 滑枕压板间隙过大 大齿轮精度差，啮合不良 刀架、横梁、工作台等部件松动或接触精度差	修刮调整上支承表面 按要求调整压板间隙 在机床上研磨大齿轮8～12h 检查、刮研、调整各件，提高接触精度

续表

序号	故障现象	故障原因	处理方法
2	滑枕温升过高	压板与滑枕导轨表面接触不良 滑枕移动阻塞	调整刮研压板 刮研上支承与摇杆，使轴孔平行
3	滑枕在长行程时有振荡声响或换向时有冲击声	压板与柑枕表面接触不良或压得太紧 摇杆孔与摇杆滑块上支承面平行度超差 摇杆部件各轴与孔、各活动面配合间隙过大	修刮调整压板与滑枕表面接触间隙 修刮摇杆上滑块支承面 修孔换轴
4	加工平面平行度超差（包括侧平面）	压板与滑枕间隙过大 滑枕与床体接触精度差压板与滑枕表面平面度超差 工作台支架滑动面接触不良，固定螺丝没把紧	调整压板与滑枕导轨面间隙 检查、修刮、调整修刮接触表面 检查调整工作台支架滑动面，并固定螺丝
5	工作台横向移动时走刀不均匀	连接轴与孔间隙过大 棘轮或棘爪磨损	修孔换套或更换新件 更换棘轮或棘爪

表 4-26　磨床的故障处理

序号	故障现象	故障原因	处理方法
1	工作表面发现波纹	电动机振动 砂轮不平衡 砂轮架主轴及轴承装配质量不良 传动三角皮带长短不一样 工作台运行不稳 砂轮硬度不合理	电动机转子连同皮带轮重做动平衡，检查轴承，转子与定子同轴度 检查砂轮平衡，新装砂轮必须进行二次平衡 检查并调整主轴与轴承间隙 更换三角皮带，使长短一致 调整液压系统 根据加工件的材质合理选用砂轮硬度

续表

序号	故障现象	故障原因	处理方法
2	工作表面有螺旋线	工作台导轨润滑不良 尾架套筒配合过松 顶尖与顶尖孔接触不良	调整润滑油压力 修理调整配合间隙 检查修整顶尖、工作顶尖孔，调整顶尖与孔接触松紧
3	加工工作圆度不好	头架、尾架同轴度超差 顶尖与工作顶尖孔接触不良	检查、修理、调整头架尾架的同轴度 清洗检查或修理顶尖、工作顶尖孔，使之接触良好，松紧合适，并注意润滑

表 4—27 滚齿机床的故障处理

序号	故障现象	故障原因	处理方法
1	工作的周节相邻误差超差	滚刀主轴及分度蜗杆轴向窜动过大 自行更换的交换齿轮或传动零件精度不高 滚刀精度不高	调整或修磨抗磨垫片，把紧保险螺母 更换精度差的零件 检查滚刀两端与垫片的平行度，消除污物，仔细把紧螺母
2	工作的周节累积误差超差	工作心轴精度差 工作安装误差过大	检查心轴精度，超差更换 检查修整心轴的安装、工件孔与心轴的配合、齿坯两端面的平行度，清除污物
3	工作齿圈径向圆跳动公差值超差	工件安装精度差 工作台与其壳体导轨面接触不良	见序号 2 修刮接触面

续表

序号	故障现象	故障原因	处理方法
4	工作表面粗糙度差及齿形误差超差	传动链精度差,某些环节运动中有震动或冲击	找出精度不良环节进行修复或更换
		见序号3之第2条	见序号3之第2条
		工作台定位不牢固,在切削过程中产生震动	把紧工作台剎紧螺钉
		分度蜗杆轴向窜动或蜗轮剐啮合间隙过大	修磨抗摩擦片,把紧保险螺母,调整分度蜗杆托座地位以校正间隙
		刀架滑板松动	检查修整滑板与导轨面接触,并紧固压板
		刀架滑板上下窜动	修磨抗摩擦片并紧固螺母,检查液压系统,保持正常油压

表 4-28　插齿机床的故障处理

序号	故障现象	故障原因	处理方法
1	工作周节相邻误差超差	工作台或刀架体分度蜗杆轴向窜动过大	调整分度蜗杆轴向窜动游隙
		插刀杆导轨形状不正确	检查修复或更换
2	工作周节累积误差超差	工作台或刀架分度蜗轮副磨损啮合间隙过大	调整螺轮副间隙必要时修复蜗轮副
		工作台径向圆跳动公差值超差	刮研圆锥接触面
		插刀杆安装插齿刀端的轴向窜动超差	更改插齿刀安装位置,使误差抵消,必要时修磨插齿刀杆端面修磨凸轮轮廓
3	齿形误差过大	分度蜗杆轴向窜动过大或其他传动链精度太差	检查、调整或更换
		工作台径向圆跳动过大	刮研圆锥接触面
		见序号2之第3条	见序号2之第3条

续表

序号	故障现象	故障原因	处理方法
4	齿向误差过大	插齿刀中心线与工作台中心线间位置不正确 插刀杆导轨形状不正确	重新校正、安装刀架 修正刀架体的孔并更换齿条套
5	工作齿面粗糙度差	机床传动链精度不高，某些环节有震动、冲击、影响传动平稳性 工作台导轨面接触不良 分度蜗杆轴向窜动或分度蜗轮副啮合间隙过大 让刀机构工作不正常，回刀时刮伤工作表面	找出精度不良环节，加以校正或更换新件 修刮圆锥导轨面 修磨调整片，调整蜗杆轴向窜动，调整支座以校正蜗轮副啮合间隙 调整让刀机构

第 5 章　电动机与启动设备的维护与保养

你将掌握的内容

>> A　电动机的启动和运行监视

>> B　电动机常见故障与处理

>> C　启动设备的常见故障与维修

A　电 动 机 的 启 动 和 运 行 监 视

电动机及其启动、保护装置安装完毕后，应进行电动机的试启动和试运转，以便检查电路中各设备选择是否合理、完好，电路是否接通等。

a. 电动机启动前的检查

电动机的试启动和试运行是容易损坏电气设备的。为尽量避免电气设备的损坏，在电动机启动前应进行下列检查。

（1）对于新装的和停用三个月以上的电动机和启动设备，应该用 500v 绝缘摇表摇测其绝缘电阻。若绝缘电阻小于 $0.5M\Omega$，则必须进行烘干处理。

（2）检查电源电压是否正常。

（3）检查电动机和启动设备的接线是否正确。

（4）检查熔丝是否符合设计要求，接触是否良好，有无损坏现象。

（5）检查启动设备动作是否灵活，动、静触头接触是否良好。电动机的轴承和油浸启动设备是否缺油或油质是否变坏。

（6）检查传动装置有无缺陷，如皮带松紧是否合适，皮带连接是否牢固，联轴器的螺丝、销子是否紧固。检查传动装置附近有无杂物，电动机和被带动的机械的基础是否稳固、可靠。

（7）转动电动机的传动轮并带动其他拖动机械，检查其转动是否灵活，有无卡住现象。

（8）用接地电阻测试仪检查电动机的保护接地电阻是否符合要求。检查电动机及其启动设备外壳的接地线或接零保护的接零线是否接牢可靠。

b. 电动机启动时的检查

电动机在启动时进行检查，要精神集中，发现问题要立即处理。一般应进行下列检查：

（1）合闸后检查电动机的运转情况。若合闸后电动机不转，要迅速拉闸，查明原因，处理后再合闸启动；若合闸后电动机转动很慢，时间延续几十秒以上，声响不正常或转速仍很慢，应立即拉闸，若启动后电动机反转，应拉闸停转，把三相电源引线中的任意两相互换位置。

（2）检查传动装置配合是否得当，被带动的机械运转是否正常。

c. 电动机运行的监视

为防止电动机在运行过程中损坏或烧毁，对运行的电动机应加强监视，发现问题要及时处理。电动机运行监视包括以下内容：

（1）监视电动机的各部分温度不超过规定。

（2）监视电动机的三相电流不超过额定值，检查三相电流是否平衡，任意两相电流的差数不应超过额定电流的 10%。

（3）监视电源电压的变化。电压变化范围不宜超过电动机额定电压的 ±10%。若电压比额定电压低 10% 时，必须减轻负载，以免温度升得过高。三相电压不平衡也会引起电动机的发热，因此，任意两相电压差数不得超过额定电压的 5%。

（4）注意电动机气味、振动和音响的变化，电动机绕组温度过高时，会发出较强的绝缘漆气味和绝缘物的焦烟味。电动机的很多故障，尤其是机械故障，常常反映为振动或异常响声，发现振动或异常响声，应立即停机检查。

B 电动机常见故障与处理

电动机的故障一般可分为电气和机械两部分。电气故障包括定子绕组、转子绕组以及电刷等；机械故障包括轴承、风叶、机壳、联轴器、端盖、转轴等。

a. 电动机的拆装

□ 电动机的拆卸

电动机在拆卸之前，应在线头、轴承盖、螺丝、端盖等部件上做好记号，以便在重装时各归原位，避免弄错。拆卸电动机，一般按下列步骤进行。

（1）断开电源，拆除外部接线和底脚螺丝。拆电源进线时，应看清接法，作好记号，把电源进线用黑胶布包好。如果是皮带传动，则应取下皮带；如果是联轴器传动，则拆开两联轴器之间的连接螺栓，使电动机与工作机械分开。

（2）拆卸皮带轮。将皮带轮上的紧定螺栓或销子松脱，用拉具（也称拉子）把皮带轮慢慢拉下，如图 5—1 所示。如果拉不出，可在紧定螺栓孔内注入煤油再拉；如果仍拉不出，可在皮带轮外侧轴套周围加热，但要注意温度不宜太高，防止轴变形。切不可用铁锤硬敲，以免把皮带轮和电动机轴敲坏。

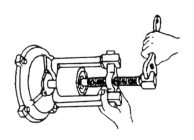

图 5—1　电动机皮带轮的拆卸

（3）卸下风叶罩和端盖，抽出转子。标好端盖与机体之间的对正记号，以便装配时对准。先拆除电动机轴伸端的轴承外盖，用手锤和扁铁轻轻地敲打（向外扳撬）端盖和机盖接缝处（切不可用力猛打），使端盖和机壳分开，取下端盖。然后，用绳子把伸出的轴颈吊在木架上，再松开另一端端盖紧固螺栓。轴伸端端盖拆下后，在转子和定子中间垫上厚纸，再拆除非轴伸端的风扇罩和端盖螺栓，然后用手将转子带着端盖和风扇一起抽出。在抽转子时，必须仔细，不要碰坏绕组、风扇、铁芯、轴颈等。

（4）拆卸轴承。轴承的拆卸一般采用拉具或专用的"轴承拉子"，如图 5—2 所示。要注意拉具的拉钩座在轴的内圈。如果不需要更换轴承，可不用拆下，洗净擦干后加入润滑油。

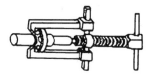

图 5—2　用拉具拆卸轴承

□ 电动机的装配

装配工序大致与拆卸顺序相反。首先将轴承内盖和轴承装于转轴上。检查和清理定子膛内，应无杂物及凸出的绝缘物，并用吹灰器将定子铁芯和绕组上的灰尘吹净。装大型电动机时，应在定子膛内垫以厚纸，再将转子吊入定子内。然后将一端的端盖装上。装端盖前，应该用干净的柴油或汽油仔细清洗端盖轴孔。安装时应对准拆下时做的记号，使端盖归复原来的位置，拧入原来的螺栓。此时螺栓不要拧紧，取出垫在定子、转子间的厚纸。用同样的方法装上另一端的端盖，然后再交叉对角地将两端盖的固紧螺栓逐渐旋紧。与此同时，用手转动转轴，检查装配情况。

在装轴承外盖时，应事先使用细铁丝穿入轴承内盖的螺孔，装端盖时使细铁丝从端盖上轴承螺栓孔中穿过，这样才能使轴承内外盖的螺孔对准，然后用螺栓使轴承内外盖夹紧轴承。

安装皮带轮是最后一道工序。安装中小型电机的皮带轮时，可在它的外侧垫上木块，用锤子把皮带轮敲到转轴上。为了不伤害轴承和防止电动机移动，可在轴的另一端垫一木块，然后再顶在墙上打入皮带轮；对于较大型电机的皮带轮，可用千斤顶将皮带轮顶入，但要用固定支持物顶住电动机的另一端和千斤顶底部。

b. 电动机常见故障与处理方法

电动机常见故障与处理方法见表5—1、表5—2、表5—3。

表5—1　交流及直流电机故障及排除方法

故障	原因	排除方法
普通轴承发热	轴弯或轴跳	矫直或换轴
	皮带拽拉过紧	减小皮带拉力
	皮带轮离开太远	将皮带轮移近轴承
	皮带轮直径太小	用较大的皮带轮
	不同轴	重新给驱动轴较直找正
套筒轴承发热	轴承内的油沟被污物堵塞	取下和轴承装在一起的拖架或轴承座，并清理油沟及轴承盒；重换新油
	抽环变曲或损坏	修理或更换油环
	油质太重	使用推荐的轻质油
	油质太轻	使用推荐的重质油
	油量不足	在电机停转时从溢流塞将油箱充油至适当油位
	油端推力过大	减少由驱动电机所造成的推力，或使用外部方法承受推力
	轴承严重磨损	更换轴承

续表

故　障	原　因	排　除　方　法
滚珠轴承发热	润滑脂不足	轴承内应保持适量的润滑脂
	润滑脂劣化或受到污染	清除旧的润滑脂；用汽油彻底清洗轴承并换用新润滑脂
	润滑脂过量	减少润滑脂量。不应多于轴承装填量的一半
滚珠轴承发热	电机发热或由于外部热源的影响而发热	降低电机温度以保护轴承
	轴承过载	检查较直度，检查侧面推力及轴端推力
	滚珠破裂或轴承套粗糙	更换轴承；首先应彻底清洁轴承盒
溢流塞漏油	溢流塞头未拧紧	拆卸；重车螺纹；更换和拧紧塞头
	溢流塞裂缝或破裂	更换溢流塞
	塞盖不紧	需加软木衬垫。若是螺旋形的可加以拧紧
电机脏污	通风堵塞，绕组端部充满微小灰尘或纤维屑	清扫电机，使冷却器运行在 10℃～30℃。其灰尘可能是水泥灰、锯屑灰、岩石灰、谷物灰、煤灰及类似物的灰尘。拆卸整台电机，并且清扫全部绕组及所有部件
	转子绕组堵塞	清扫、研磨整流子和对整流子掏槽，或清扫和打磨集电器。清扫并用上等绝缘漆浸漆处理
	轴承和托架内被脏物覆盖	用清洁溶剂清洗掉灰尘
电机受潮	遭受雨淋	清理电机并用循环的热空气通过电机。在电机上安装防滴式或天盖式覆盖物，以保护电机
	湿透状态	电机应该覆盖，以保持热量并经常变动转子的位置
	被水淹过	拆开电机并清洗部件，将绕组放进烘箱，在 105℃时烘干 24 小时，或者直到对地电阻达到足够值为止。首先要确保整流子套筒上的水已排尽并完全干燥

表5－2　直流电机故障及排除方法

故　障	原　因	排　除　方　法
不能启动	电路不通 电刷没下放到整流子上	接通开路处，连上断线处用电刷弹簧压住电刷；电刷磨损时，必须更换
不能启动	电刷卡在刷握上 电机或主传动装置上的轴承被卡住，而使电枢不动 电源可能已经切断	移动并刷光，清扫电刷盒 拆去轴承托架并更换轴承，在检查后认为旧轴承可能修复，则修复之 用试电灯检查连至启动器的线路，检查启动器中的触点情况
电动启动，然动，停转并反向旋转	供电发电机极性接反 并激和串激磁场互相接反	检查发电机装置极性改变的原因 或是重新校正激磁场，或者重校串磁场以改正极性。要不然就更正电枢引线以获得所要求的旋转方向。可分别试验磁场以确定各个旋转方向，并将两者相连以得到相同的转向
电机达不到额定转速	过载 启动电阻未完全断开 电压低 电枢绕组或整流片之间短路 用很弱的磁场启动重负载 电机电刷离开中性线 电机温度不够	检查轴承，看其是否在优良状态下采用正确的润滑。检查所驱动的负载中有无过度的摩擦性负载 检查启动器，观察机械和电气部分是否都处于正确状态 用表测量电压并对照电机铭牌进行检查 对于已短路的电枢，可检查整流子有否发黑的整流片和烧焦了的相邻整流片。检查绕组有否烧坏的线圈或槽楔 检查全磁继电器并调节励磁电阻器，以获得尽可能大的全激磁 检查出厂时电刷装置是否调节过，或试验电机是否做过正确的中性线调节 增加电机负载以增加其温度，或者加磁场变阻器以调节转速

续表

故　障	原　　因	排　除　方　法
电动机运转太快	电压超过额定值	校正电压或按制造厂的建议改变气隙
	负载太轻	增加负载或在电枢回路中装接固定电阻
	并激磁场线圈短路	嵌装新线圈
	并激磁场线圈接反	重新连接接反线圈的引线
	串激线圈接反	重新连接接反线圈的引线
	串激磁场线圈短路	装新线圈或修理原有线圈
	中性线调节移离中性点	根据检查出厂时调节标记或试验中性线的办法重调中性线
	磁场电路中有部分并激磁场的变阻器或不必要的电阻	测量磁场两端的电压，并对照铭牌额定值进行检查
	电机通风不良，引起并激磁场发热	发热磁场电阻升高；检查发热磁场的起因，以便恢复正常的并激磁场电流，修理通风装置
电机获得稳定转速和增加负载时不能使转速下降	负载的转速调节不稳	检查电机，看是否偏离中性线。检查串激磁场，以确定是否有匝间短路现象。如串激电路有分路影响，串激磁场就应拆去
	并激或患激磁场线圈接反	用指南针测试并重接线圈
	换向极磁场太强或换向极气隙太小	按制造厂的推荐进行检查，改变线圈或气隙
电机连续运转太慢	电压低于额定值	测量电压，并设法使电压校正到符合电机的铭牌规定值
	过负载	检查电机的轴承并在驱动后观看是否处于最优状态。检查驱动中有无过度摩擦现象
	电机运转温度不足	由于轻载，电机运转可能慢转 20%。安装较小的电机，增加负载，或者装配局部覆盖物以增加热量
	中性线调节装置移位	检查电刷装置的出厂调节情况，或作正确中性线调节的试验
	电枢有短路线圈或者整流子片有短路	将电枢拆卸送修理厂修理，并恢复良好状态

续表

故　障	原　因	排 除 方 法
电机过热或运动发热	过载，而且较额定电流高25%～50%	用减低转速或用齿轮啮合驱动装置的办法降低负载，或是给驱动装置增加功率
	电压超过额定值	电机会因此而超过所需的额定速度。降低电源电压以符合铭牌上的额定值
	通风不足	应改变电机的安装位置，或是拆除受限制的周围物体。保护用覆盖物对通风的限制太大，应该改善或拆去。开启式电机不能总是封闭着连续运转
	由于线圈短路而产生过电流	修理电枢线圈或安装新线圈
	电枢接地，就像构成短路的二次对地一样	修理局部对地处或用新的线圈组重绕电枢绕圈
	由于转子偏心，电枢摩擦磁报表面而造成的摩擦和过电流	检查刷架或机座架对转子中心的情况，确定轴承磨损的状态，以确定是否需要更换轴承。检查磁极螺栓
a. 电枢发热	铁芯的一个部位发热，表示冲片短路后而产生高的铁损	有时使用了起平衡作用的满槽金属楔，应该拆除并研究使用其他的平衡方法
	冲片未曾绝缘，冲片已车过，或者铁芯中的绑线槽沟被加工过，槽巳机械加工过	电机空载运行时也会出现铁芯发热现象，并产生高的空载电枢电流。应更换铁芯并重绕电枢绕组。如有必要，增添绑线槽沟，在铁芯中磨进去。然而，在小型和中型电机中，绕组绑扎的更普通方法是用处理过的玻璃丝粗线经适当浸漆和加工处理，用温度计检查。铁芯温度不得超过90℃
b. 整流子发热	电刷压力太高	检查电刷密度，极限密度应在电刷制造厂建议的密度以下
	电子大气污染而引起很高的电刷摩擦	清除污染原因
	电刷偏离中性线	重调中性线
	所用电刷级别不对，极易腐蚀	按制造厂的推荐使用
	整流片短路	研究整流子云母片的情况，并且换槽和修理用
	铁芯和线圈发热，将热量传至整流子	温度计检查整流子温度，总温升不得超过环境室温加55℃，总计不得超过105℃。F级及H级绝缘可较高
	通风不足	与电机发热时的检查相同

续表

故　障	原　　因	排　除　方　法
c. 激磁磁场发热	电压太高	用电压表及温度计进行检查，并校正电压到铭牌规定值
	匝间短路或绕组对地	修理或更换新线圈
	每个线圈的电阻不同	检查每只独立线圈的电阻是否相等，相差值应在10%以内，如其中一只线圈电阻太低，就应更换该线圈
	通风不足	与电机发热时进行的检查相同
	线圈不足以扩散其损耗功率	用新线圈将电机上的所有旧线圈换掉
电机振动并有不平衡现象	电枢失去平衡	拆卸电机后，电枢找静平衡或找动平衡
	不同轴	重新调整。挠性联轴节的同轴度一般必须比制造厂所建议的联轴节的同轴度更精确
	松动和偏心	上紧轴上的皮带轮或将其校正
	皮带轮不平衡	找正皮带轮
	皮带或链条抖动	调整皮带（或链条）的张（松紧）
电机振动并有不平衡现象	主动齿轮与小齿轮配合不当	重新加工，重新调整或更换零件
	联轴节不平衡	重新联轴节的平衡
	轴已弯曲	换轴或校直
	地基不合适	加强安装部位的构件
	电机的安装配件松动	拧紧紧固螺栓
	电机的地脚不稳	在地脚衬垫下加垫片，使每一地脚安装牢固

续表

故　障	原　　因	排　除　方　法
电机电刷上冒火花或者整流不良	电刷的调节不是在真正的中性线上	按出厂时正确的中性线加以调节，或用测试法进行检查和调节
	整流子粗糙	磨光并修整每一整流子片的边缘
	整流子偏心	车、磨整流子
	云母片因高热而下陷	切云母片槽
	整流极或因场强太大引起过补偿，或因场强太弱而欠补偿	根据制造厂的要求校正气隙，或绕制新的整流（换向）极线圈
	换向极线圈匝间短路	修理或更换新线圈
	整流子片上的电枢线圈短路	重修电枢线圈，使其达到一流情况
	线圈开路	同上
	整流子片的连线焊接质量低劣	用锡基合金焊料重新焊接，现用电机大多数情况下用 TIG 焊
	在高速时整流子片高出或松动	检查整流子的螺旋压圈螺帽或压栓、重新拧紧，并磨光整流子表面
	电刷的型号级别不对。电刷压力小，电流密度过高，电刷粘在刷捏上，电刷连线松动	见电刷一栏
	由于在整流子上形成了污秽的薄膜，以致电刷振动的颤抖	重新整流子表面并检查电刷有否变化
	振动	根据检查转子的装配及平衡情况，针对原因来消除振动

续表

故　障	原　　因	排　除　方　法
电刷过度磨损	电刷太软	吹除电机上的灰尘并按制造厂所建议的等级更换电刷
	整流子表面粗糙	磨光整流子表面
	通风空气中有腐蚀性灰尘	重磨电刷并改正通风情况以保护电机
	中性线调偏	重新检查出厂时的中性线，或作中性线的试验
	整流恶化	参见整流情况的较正法
	整流子片过高、过低或松动	重新拧紧整流子电机的螺栓，并重修整流子表面
	电刷压力过高	调节弹簧压力，不应超过极限值
	由于握流子面上的薄膜损坏所造成的电气磨损	重修电刷面及整流子表面
	出现条纹及沟槽	同上所述
	来自大气或轴承的油或润滑脂	改正供油情况，并修磨电刷表面和整流子
	弱酸和湿气	改变通风情况以保护电机，或换成封闭式电机
电机噪声	电刷发响	检查电刷接触角度和整流子表层情况，重修整流子表面
	电刷振动	重修整流子面及电刷表面
	电机安装不牢	打紧基础螺栓
	基础凹陷并发出共振板声	用隔音材料覆盖基础下侧
	机座发生应变	用垫片调整电机地脚以保证受力均匀
	电枢冲片松动	更换电枢铁芯
	电枢摩擦磁极表面	用更换轴承，重装托架或轴承架的办法找正
	电磁交流声	参见制造厂的建议
	皮带拍打或敲击声	检查皮带情况，并改变皮带拉力
	负载电流过大	也许不是由过热引起的，但要检查曾短路或接地过的线圈的修理记录
	机械振动	查看振动原因图表
	轴承噪声	检查中心线是否找正、轴承负载是否过大以及润滑情况等，并参照制造厂的建议进行检查
	电磁噪声	拧紧磁极螺栓。由可控硅直流电源供电的电动机一般会有可控硅波纹在电枢电路中引起的更大电磁噪声；一般有120、180及360赫的指波声
旋转方向不对	连线接错	查阅接线图

表5—3 交流电机故障及排除方法

故　障	原　因	排　除　方　法
电机停转	使用错误 电机过载 电机电压低 开路 绕线式电机的转子控制电阻接错	改变电机的型号或规格 减负载 察看铭牌电压，实际工作电压是否在标准允许值以内 保险丝熔断；检查过载继电器、启动器及按钮 检查控制顺序，更换断开的电阻器。修理开路处
电机已通电，但不能启动	一相开路。电机可能过载 转子损坏 定子线圈接线不良	查看有无相线开路；减负载 寻找有无断裂的笼条或端环 检查接线部位，用试验灯找出不良之处并加以修理
电机运转后，然后又停止转动	电源中断	检查电源线、熔断器和到控制设备的接头有无松动现象
电机达不到规定转速	使用不当 由于电源线压降，致使电机端接处电压太低 绕线式转子，二次侧电阻的控制操作不适当 启动负载太大 同步电机牵入同步时转矩太低	查一查供应商是否提供了适当型号和规格的电机 使用变压器上的较高电压端子，或者减负载 校正二次侧控制装置 检查电机的负载要多大才适宜于启动 改变转子启动电阻或改变转子设计
电机达不到规定转速	检查所有电刷是否都在滑环上 转子笼条断裂 电机原边电路开路	检查二次侧接头。连接引线必须完好 寻找鼠笼端环有无裂缝。需要换新转子时，就按临时常规情况进行修理 用测试仪判明故障所在，并修理之

续表

故　障	原　　因	排　除　方　法
电机加速时间太长	飞轮惯量（WK2）过大，过载 电路不良 鼠笼转子损坏 使用电压太低	减低负载。根据规定检查转动惯量 检查有否高阻处 更换新转子 要求供电部门提高电压
旋转力向错误	相序错误	颠倒电机的接头或在开关板颠倒连线
带负载运转时电机过热	过载 鼓风机或空气挡板装错，也许是被灰尘堵塞并妨碍了电机的适当通风 电机可能有一相开路 线圈对地 接线端的电压不平衡 定子线圈短路 接头处损坏 电压过高，电压过低 转子摩擦定子内膛	减负载 当气流离开电机时是连续的，表明通风良好。否则，按制造厂规定进行检查 检查以确保所有引线都完整连接 探明对地处并进行修理 检查有无损坏的引线、接头和检查变压器的输出情况 修理并根据功率表读数检查线圈 表明接头处电阻会变大 用电压表检查电机的接线端子 如电机未坏可更换磨损了的轴承（套筒轴承）
校正后电机仍然振动	电机不同轴 基础不牢 联轴节失去平衡 驱动设备不平衡 滚珠轴承损坏 轴承未校正 平衡块已移位 更换过绕线式转子的线圈 多相电机单相运转 轴端余隙过大	重新校直 加固基础 对联轴节进行平衡 对驱动设备进行平衡 更换轴承 适当校正 重找转子平衡。可靠地将平衡块固定住 重找转子的平衡 检查是否有一线或一相开路 调节轴承或加垫圈

续表

故　障	原　　因	排　除　方　法
多相电机中，线电流不平衡	端电压不等 单相运转	检查引线及接头 检查有否断开的接触处
正常运转中的故障	绕线式转子的电阻控制线路中，转子接触点不良 绕线式转子中，电刷不在合适的位置上	检查控制设备 查看电刷是否正确就位，引线是否处于良好状态
摩擦噪声	电机风扇摩擦通风护罩 风扇撞击绝缘 电机座松动	去掉干扰物 清理风扇 拧紧固定螺栓
电磁噪声	气隙不均匀 轴承松动 转子不平衡	检查和校正安装托架或轴承 校正或换新轴承 重新找平衡

C　启动设备的常见故障与维修

a. 启动设备的常见故障与消除方法

不同的启动设备，其常见故障也有所不同，为便于检查故障、分析原因和及时清除，现将主要启动设备的常见故障及消除方法列于表5-4。

表5-4　启动设备常见故障及消除方法

常见故障	故障原因分析	消除方法
磁力启动器、交流接触器和电磁式继电器		
1. 触点过热	(1) 触点压力不足 (2) 触点表面氧化或有杂质 (3) 触点容量不够 (4) 触点超行程不足 (5) 固接螺丝松动	(1) 更换触点弹簧或调整其压力 (2) 细锉打光触点表面，清除杂质 (3) 更换较大容量的电器 (4) 调整运动系统或更换触点 (5) 紧固所有松动螺丝
2. 触点灼伤	(1) 触点分断时被电弧灼伤 (2) 触点在合闸过程中有跳跃 (3) 电动机启动电流过大 (4) 操作线圈电压不足	(1) 检查消弧系统，防止电弧温度过高 (2) 检查触点初压力是否合乎标准 (3) 选用的电器设备应与电动机容量相配合 (4) 操作电源要与操作线圈电压一致
3. 触点磨损	(1) 合闸瞬间电流大，电弧温度高 (2) 动静触点长期过载而烧掉 (3) 操作电压不足便合闸产生跳跃 (4) 频繁启动电动机	(1) 完善消弧系统，防止金属屑气化。检查触点初压力 (2) 使负荷正常，运动温度适宜 (3) 使操作电压和电流符合额定值 (4) 更换触点或电器元件
4. 触点熔焊在一起	(1) 触点过热 (2) 触点断开容量不够 (3) 触点开断过于频繁	(1) 更换触点，并分析过热原因 (2) 改换为较大容量的电器 (3) 更换触点
5. 线圈过热或烧损	(1) 电压过高，线圈匝间短路 (2) 弹簧的反作用过大，吸不合 (3) 衔铁机构不正，有卡阻现象 (4) 衔铁和铁芯有杂质，引起电流增大 (5) 衔铁吸不上 (6) 线圈过热致绝缘老化 (7) 线圈通过持续率与工作情况不符 (8) 由机械擦伤或导电尘埃引起线圈部分短路	(1) 检查操作电压是否与线圈额定电压一致 (2) 调整弹簧压力 (3) 检查消弧系统有无位址不正和松动 (4) 检查并清除杂质，特别是小弹簧和小垫圈 (5) 检查线圈引线脱断否，检查操作电流并判断有无机械卡阻 (6) 更换线圈 (7) 更换线圈 (8) 更换线圈并经常保持清洁

续表

常见故障	故障原因分析	消除方法
磁力启动器、交流接触器和电磁式继电器		
6. 线圈损坏	空气过于潮湿或含有腐蚀性气体	换用特种绝缘处理的线圈
7. 电器有噪声	(1) 弹簧的反作用过大 (2) 极面有污垢 (3) 极面磨损过度而不平 (4) 磁路歪斜 (5) 短路环断裂 (6) 衔铁与机械部分间的连接销松脱	(1) 调整弹簧压力 (2) 清除污垢 (3) 修整极面 (4) 调整机械部分 (5) 重焊或更换短路环 (6) 装好连接销
8. 衔铁吸不上	(1) 线圈损坏或断线 (2) 衔铁或机械可动部分被卡死 (3) 机械部分分转轴生锈或歪斜	(1) 轻微的可修理，否则更换线圈 (2) 清除障碍物 (3) 去锈，上润滑油或调换配件
9. 接触器动作缓慢	(1) 极面的间隙过大 (2) 电器的底板上下倾斜	(1) 调整触点压力 (2) 把电器装正、装直
10. 断电时衔铁落不下来	(1) 触点间的弹簧压力过小 (2) 电器的底板向上倾斜 (3) 衔铁或机械部分被卡死 (4) 触点熔焊在一起 (5) 剩磁过大	(1) 调整触点压力 (2) 装正电器底板 (3) 清除障碍物，或检修 (4) 更换触点，并查明原因 (5) 更换铁芯或退磁
11. 断电时衔铁落不下来	被雨淋或空气湿度过大	立即烘干
12. 灭弧罩碳化	(1) 断开故障大电流之后 (2) 频繁操作 (3) 在高温作用下形成碳掘	将灭弧罩上的碳质刮掉锉平，保护原光洁度。检修后将罩吹刷干净，不可留下杂质污垢
13. 磁吹线圈匝间短路	受冲击或碰撞造成匝间短路	检修调整磁吹线圈，清除短路现象
手控电器		
14. 触点过热或烧毁	(1) 线路电流过大 (2) 触点压力不足 (3) 触点表面有污垢 (4) 触点超行程过大	(1) 改用较大容量电器 (2) 调整触点压力 (3) 清除污垢 (4) 更换电器或调节超行程大小

续表

常见故障	故障原因分析	消除方法
15. 开关手把转动失灵	(1) 定位机构损坏 (2) 静触点的固定螺丝松脱 (3) 电器内部有异物卡阻	(1) 修理或更换 (2) 上紧固定螺丝 (3) 清除异物，并预防再落
16. 按钮按不下或按下弹不起	机械部分卡阻或有异物	消除异物，检查机械部分
17. 按钮接不通操作电路	(1) 桥型触点松脱或倾斜 (2) 操作电压不足 (3) 接线断路	(1) 安装好桥形触点 (2) 检查操作电压 (3) 重新接线启动设备中的电磁铁
18. 线圈过热	(1) 电磁铁的牵引力过载 (2) 在工作位置上电磁铁极面间不紧贴 (3) 制动器的工作方式或与线圈的特性不符 (4) 操作电压与线圈额定电压不符	(1) 调整弹簧压力或调整重锤位置 (2) 调整机械部分以消除间隙 (3) 更换线圈 (4) 更换线圈，如为三相电磁铁可改△连接为 Y 连接
19. 强烈的噪声	(1) 电磁铁过荷 (2) 极面有污垢或生锈 (3) 极面接触不正 (4) 极面磨损后不平 (5) 短路铜环断裂（单相） (6) 某相线圈烧损（三相） (7) 电压太低 (8) 衔铁与机械部分的连接销松脱	(1) 调整弹簧压力和重锤位置 (2) 去除污垢和铁锈 (3) 调整机械部分 (4) 修平极面 (5) 焊接或重作短路环，并检查弹簧压力 (6) 更换线圈 (7) 提高电压 (8) 上好连接销
20. 机械磨损或断裂	(1) 由于线圈电压与工作电压不符以致闭断时的冲击力过大 (2) 衔铁振动 (3) 工作过于繁重 (4) 润滑不良	调换适当配件，并查明原因所在，加以消除

续表

常见故障	故障原因分析	消除方法
自 耦 减 压 启 动 器		
21. 引起器能合上，但电动机不能启动（电动机本身无故障）	(1) 启动电压太低，转矩不够 (2) 熔体熔断	(1) 测量电路电压，调节受电变压器的分接开关以提高电压，或者将启动器抽头提高一级 (2) 更换熔体
22. 启动器扳到运行位置，电动机两桂运转（电动机本身无故障）	(1) 启动过程将近结束时熔体熔断 (2) 运行触头有一相接触不良	(1) 更换熔体 (2) 更换运行故障触头
23. 电动机启动太快以致启动电流过大	(1) 电动机启动转矩过大 ①自耦变压器的抽头电压太高 ②自变压器线圈局部短路 (2) 接线错误	(1) 检查自耦变压器 ①调整抽头 ②更换或重绕线圈 (2) 检查错误接线并纠正
24. 自耦变压器发出嗡嗡声	(1) 硅钢片未夹紧 (2) 变压器有的线圈接地	(1) 夹紧变压器的硅钢片 (2) 用兆欧表查出接地的线圈，拆开重绕，或在破损处加补绝缘
25. 油箱发出特殊的吱吱声	触点上跳火花——接触不良	(1) 检查油面高度是否符合规定 (2) 整修或更换紫铜触点
26. 油箱发热	油里渗有水分	更换绝缘油
27. 启动器发出爆炸声，同时油箱冒烟（注意此时可能有熔体熔断情况）	(1) 触点有火花 (2) 开关的机械部分与导体间的绝缘损坏或启动器接地	(1) 整修与更换触点 (2) 查出接地点并修复
28. 欠压脱扣器拒绝工作	欠压线圈烧损或者未接牢	检查线路是否良好正确，继电器触点是否熔焊。线圈已烧损时，应予更换

续表

常见故障	故障原因分析	消除方法
29. 电动机没有过载，但启动器的把柄却不能在运行位置停	(1) 欠压继电器吸不上或过载继电器之间的触头接触不良 (2) 过流继电器整定值太低 (3) 机械部分被卡死或弹簧里的油太薄	(1) 检查欠压继电器的电压或接线检修过流继电器的触点 (2) 调整继电器，检查撞针使其灵活 (3) 检修机械部分，将弹簧里的油质加浓
30. 连锁机构不动作	锁片锈牢或者磨损	用锉刀整修或局部更换
启动变阻器		
31. 过热	(1) 通风不良 (2) 变阻器接在绕线式电动机转子中时间过长或变阻器长时间没有短接	(1) 改善通风条件 (2) 检查启动时间是否过长，启动变阻器在电动机正常运行中是否已切除
32. 控制手柄移动时，电动机的转速不变或控制手柄移动几档后，电动机转速突然升高	(1) 控制器动、静触点接触不良 (2) 变阻器的电阻片损坏 (3) 变阻器或电动机至控制器的连接线松脱 (4) 检修后接线错误	(1) 调整动、静触点之间距离使之有适当压力 (2) 更换电阻片 (3) 重新接好线 (4) 查对接线图并加以纠正

b. 启动设备的检修方法与工艺

检修电动机的启动设备要讲究检修工艺，尤其是触头的检修、电磁系统和灭弧系统的检修，更要讲究检修工艺。

□ 触头的检修方法和工艺要求

(1) 表面氧化或长期积垢的触头，应用砂纸或细砂布将氧化层或污垢擦去，但对于银触头，其氧化层则不必处理。污垢也可用汽油或四氯化碳清洗。

（2）烧损或熔焊的触头，应用锉刀小心地将其锉平，恢复原来的几何形状，然后用砂纸或砂布将其打磨光滑。对于烧损严重的触头应予以更换。

（3）触头检修、更换或因弹簧变形而造成触头压力不足时，相对弹簧应进行调整或更换新弹簧，以保证触头压力。

触头压力是否达到要求，可用弹簧秤测量。有经验的电工可用纸条测定（将一条比触头稍宽的纸条夹在动静触头之间，用手拉纸条，根据纸条拉出的难易程度确定压力足与不足）。

□ 电磁系统的检修方法和工艺要求

（1）动、静铁芯端面不平，应用锉刀仔细锉平，使动、静铁芯能紧密接触。

（2）动铁芯歪斜或铁芯松动，应加以校正。

（3）电磁铁短路环损坏，可复制一铜环套上，或者将粗铜丝敲成方截面，按原短路环尺寸做好，在接口处气焊并修平。

（4）E 形铁芯、动静铁芯的中柱要留有 0.10～0.20mm 的间隙，否则会发生线圈断电而衔铁打不开的情况，造成电路不能切断。

（5）操作线圈严重烧毁或严重短路，则应重绕线圈。重绕时选用的导线和重绕的圈数，应与原线圈一致。若原线圈匝数无从查处，也可由下式计算：

$$\omega = 4.5 \times 10^5 \frac{U}{BS} \text{（匝）}$$

式中：ω——线圈匝数；

$\quad\quad U$——工作电压；v；

$\quad\quad B$——铁芯磁通密度，T，一般取 0.7～0.75T；

$\quad\quad S$——铁芯有效截面，cm^2。

重新绕制的线圈应进行浸漆处理。先把线圈放入 105℃～110℃ 的烘箱中烘约 3h，取出浸入绝缘漆中，浸 10min 左右，提出待余漆滴尽，放入 110℃～120℃ 的烘箱中烘干，冷却至常温即可。

第 6 章　供水供电设施的日常检查与维修

你将掌握的内容

>> A　供水设施的检查与维护

>> B　供电设施的检查与维护

A　供水设施的检查与维护

　　企业生产、生活供水设施的维护与管理，是机电工务员的重要职责之一，应加强对供水设施的日常检查、维护，确保正常供水。

a. 给水管道的维修管理

　　给水管道系统经常出现的故障之一是漏水，漏水造成供水压力和流量达不到用户的要求，同时增加经常性运行费用，因此给水管道系统维修管理工作任务就在于查漏、配水附件、控制附件的维修，坏管的检修，水管防冻及管道清理等。机电工务员要进行给水管道的检漏、坏管检修、水管防冻及管道清理等工作。

□ 检漏

　　检漏的方法有查漏、听漏、校漏等，一般根据具体条件选用。

　　查漏不是查看漏水现象。明装给水管道只需检查楼板、墙壁、地面等管道经过的地方有无滴水、湿润等现象，便可很快查出漏水点，及时进行修理。埋地给水管漏水量较大时，一般在漏水处都有泉眼般的小股水流从地下往上冒，或者出现局部地面下陷，晴天出现潮湿的路面，冬季局部地方冰雪融化比周围早等现象。

　　听漏是用一根金属听漏棒，在夜深人静的时候将听漏棒一头插入管道可能经过的地面，或触在阀门及消火栓上，另一头贴近耳朵，凭经验细心辨听漏水声，越靠近漏水点，漏水声会越大。听漏时，可沿管线经过的地方每隔 4～8m 听一次。目前各种半导体，超声波等探测检漏仪表也不断被人们所采用。

　　校漏就是借用水表查找漏水点和漏水量，校漏工作应分区进行。校漏时，需关闭该区管网四周的所有阀门并不许用户用水，只有一条装有水表的管线和该区管网接通，如果水表指针转动，就说明该区管网漏水。

□ 检修

　　当管网漏水位置找出以后，分析漏水原因，根据情况采用不同方法及时检修。

　　室内给水管道漏水或渗水的原因一般是管道接头不严，或者腐蚀严重等因素造成。腐蚀严重多发生在丝扣接头处或暗埋部位。如果是丝扣接头或管件不严引起漏水时，应将局部管段拆下，重加填料拧紧，或更换管道；焊接连接管道可采用补焊方法堵漏；腐蚀严重的管道应立即更换。

室外埋地给水管道漏水或渗水原因，一般是管道接头不严，外部荷载或管基下沉引起局部管道破损等。管道接头漏水时，如果是青铅接口，可重新打口，或将承口内青铅剔除一部分加铅条重打；水泥、石棉水泥或纯橡胶圈接口漏水时，应将接口内填塞材料抠除刷净，更换材料，重新打口。由于外部荷载或管基下沉引起管道破损漏水时，直管段上较小裂缝可采用钢板夹卡紧裂纹处，或用焊接钢套管浇注接口进行修复，至于较大裂纹，或管件处裂缝，应将损坏管段或管件更换掉。

□ 水管防冻

寒冷地区，当管道铺设在土壤冰冻线以上时，因管内水受冻结冰，易使管子胀裂；或由于水管通过局部室温低的场所，管中水结冰而引起管子胀裂。防止水管结冻的方法主要是加强保温。埋地管道可以在管顶加盖适当厚度的炉渣、膨胀珍珠岩粉等保温材料后，再回填土，保温效果比较显著。

裸露在室外的管道、阀门、消火栓等，应选用适当的保温材料进行保温。必要时应在管道的最低点设控制阀和泄水阀，使用后将管道及设备内的存水排放干净。

寒冷地区的室外自来水嘴，应采用防冻水栓；工地等临时用水场所，可在用水点附近设地下阀门控制，关闭后由井内排水三通将立管中的存水放净。

□ 给水管道的清理

由于给水水质、流速快慢（金属管道还存在管内腐蚀）等因素的影响，给水管道在使用一段时间以后，管内壁会产生结垢，而且越积越多，影响管道的输水能力，同时降低了供给水压。因此，必须定期清除管内的结垢，改善管道的输水条件。

给水管道的清扫方法较多。对于松软结垢，通常可用高速水流冲洗。冲洗水流速一般为工作时最大流速的 3～5 倍，但水压不能超过管道允许承受压力。冲洗时从水管一端内通入压力为 0.5～0.7MPa 的压缩空气，增大管内水流速度，效果会更好。

坚硬的结垢，可采用机械刮管器清除。将刮管器放入水管内，两端用钢丝绳连在绞车上，来回拖动，刮刷管壁结垢；刮下来的结垢可用水冲洗干净。直径为

100～200mm 的地下给水管，可采用水力刮管器除垢，其工作压力为 0.4MPa，刮管速度为 1～1.3m/min，单程刮管长度 100～150m。直径为 500 N1200mm 的大管，可采用锤击电动刮管机。这种刮管机利用电动机带动的链锤打下管壁上的积垢，一边除垢一边清垢，剩下来的再用水冲洗干净。

b. 排水管道的维修管理

□ 排水管道的维修

排水管道系统常见的故障是漏水或管道堵塞。因此，机电工务员对排水管道的日常维修管理工作就在于排除漏水点，疏通堵塞管段。

（1）排水管道漏水的维修。室内排水管道漏水时，管道附近的墙壁面或楼板湿润，严重时天棚滴水；室外排水管道漏水时，管道附近土壤出现下沉或湿润现象。

引起排水管道漏水的原因：大多数是管道接口不严，或者管件有砂眼及裂纹；地下埋设的排水管道漏水时，还有可能是施工时，管基不牢固、土壤不实或管道埋深过浅，车辆或重物把管道压坏。属接口不严引起的漏水，应重新填料捣口进行处理，若仍不见效，须用手锤及弯形錾将接口剔开，重新连接；如果是管段或管件有砂眼、裂纹或折断引起漏水，应及时将损坏管件或管段换掉，并加套管接头与原有管道接通；如因埋深太浅引起管道损坏漏水，在修复后还应采取相应加固措施，防止管道再被损坏。

（2）排水管道堵塞的检修。引起排水管道堵塞的原因一般有以下几方面：

①施工质量有问题，管道铺设坡度太小或有倒坡现象，引起管内水流速度过慢，水中杂质在管内沉积下来，使管道堵塞；

②使用者不注意，将硬块、破布、棉纱等掉入管内，引起管道堵塞；

③雨水管道因屋面天沟杂物随水进入管内，或雨水口附近堆放的泥、砂等物，在下雨时，随雨水进入管道内，沉积下来，越积越多，堵塞管道；

④管道铺设坡度有问题时，应按有关要求，对管道坡度进行调整。

当室内排水管道被堵塞时，会引起地漏和卫生器具下部冒水，或从低器具向外返水。修理时，先应判断堵塞物的位置，然后决定排除方法。

若发现单个卫生器具不下水，则堵塞物可能在卫生器具存水弯里。一般可用抽子抽吸几次，直到堵塞物排出。

如果在同一层中有些卫生器具不下水，而另一些却下水，那么堵塞物是在排水横管中部的下水与不下水两个器具中间的管段内。这时可打开扫除口，用竹劈或钢丝疏通。如果是单层房屋，可由室外检查并向室内疏通；经疏通后不起作用，说明硬块比较大，卡得很严实。这时可在堵塞物附件管件的上部或旁边用尖錾凿洞疏通。疏通后用木塞塞住洞口，或垫上胶皮用卡子卡住。如果同一层中由一根横管所接纳的器具全部不下水，而上、下层排水畅通，说明堵塞物在横向排水管末端与立管连接处，这时也可采用上述方法进行处理。

当同一排水立管承接的卫生器具中，下部的器具排水正常，而中间层的器具虽无用户排水，却有污水由器具排水口往上返水，说明立管堵塞，堵塞物在往上返水器具以下立管段上。此时可由方管检查口盖或从房顶透气孔，用竹劈或钢丝向下进行疏通。

室外排水管道堵塞时，检查井内产生积水或往外溢水，室内卫生器具排水也不畅通。此时，可先沿管线检查排水、检查井内积水情况，当发现邻近两个检查井中，一个积水严重，另一个却无积水现象，那么堵塞位置就在这两个检查井之间的管段内。这时，可用掏勺清除无积水检查井内污物，对堵塞管段进行疏通。管径大的用竹劈，管径小时用钢丝。若堵塞物离检查井很远，难于疏通时，可在适当位置挖出管道，把管子凿个洞进行疏通。待畅通后用水泥砂浆补好。

□ 排水管道的管理

排水管道的管理包括定期对管道系统进行检查和清扫两项内容。

（1）排水管道的检查。对排水管道进行经常性维护检查，是保证排水畅通的重要措施。维护管理人员，应经常检查排水检查井口封闭是否严密，防止物品落入井内，影响排水畅通，给修理带来麻烦；室外雨水口附近不应堆放砂子、碎石、垃圾等，以免下雨时，随雨水进入管道内，造成管道堵塞。

（2）排水管道的清扫。室外排水管道和检查井应定期进行清扫、疏通，确保水流畅通。清扫排水管道时，常用的方法有人工清扫和机械清扫等。较小管径排水管一般由人工用竹劈进行清扫，竹劈由上游检查井推入，在下游检查井抽出，反复推拉几次，将管内沉积物推拉松动，使其随水流冲走，或进入检查井内，用换勺清除。较大管径排水管可采用机械方法清扫。操作时，先将竹劈穿通需清扫的管段，竹劈末端系上钢丝绳，钢丝绳上再拖以钢丝刷、铁畚箕或骨骼形松土器等疏通工具，在清扫段两端检查井上面各设一架绞车或电动卷扬机，带动疏通工具往返清扫，将管内沉积物刮净。

排水管道的清扫，除以上介绍的两种方法外，还可利用专门的排水管道疏通机或水力清理法进行清扫，详细情况请参阅有关资料。

c. 阀门及消火栓

□ 阀门及阀门井

阀门用来调节管线流量和水压。安装前必须检查其规格型号是否符合设计要求，直径大于 200mm 的阀门，一律须经分解、拆卸、更换填料，并进行压力试验后才能在管道上安装。安装时，阀门必须垂直于管道中心。为了防止拧紧阀门法兰上的螺栓产生的拉应力，邻近法兰一侧或两侧的接口，应在法兰上所有螺栓拧紧后，方可与管道连接。

为了方便开关阀门，并保护阀门不遭受损坏，室外给水管网中的阀门应设置在阀门井内。给水阀门井的形式有圆形立式阀门、井，闸罐及矩形卧式阀门井三类。圆形立式阀门井又分地面操作及井内操作两种。

表 6—1　法兰边距井壁、井底距离（mm）

管　径	法兰边距井壁	法兰边距井底
50～300	400	300
350～1 000	600	400

圆形立式阀门井内法兰距井壁及井底尺寸见表 6—1。地面操作立式阀门、井内阀门手轮到井壁的距离不应小于 450mm。井内操作的立式阀门的手轮距井内顶不得小于 300mm，以便于操作人员下井。阀门必须设置在支墩上。

闸阀直径大于 700mm 时，一般采用矩形卧式阀门井，井内法兰边距井壁 0.6m，距井底 0.5m，距井盖板 1.2m。为了检修方便，阀门主动轮轴距井侧墙不得小于 0.4m。在阀杆轴线延长线的侧墙上，应埋设直径为 300mm，长度为 1m 的混凝土管，以便于检修或更换阀杆用。

□ 排气阀和泄水阀

排气阀应安装在管网中各管段的最高点，以便在管线投入运行或检修后通水时排除管内空气，并在平时用以排除水中析出的气体。排气阀的大小，应按设计要求确定，如设计无明确规定时，排气阀口径与管线直径之比一般为 1：8～1：12。

在给水管道最低点须安装泄水阀，用以排除管道中的泥沙等沉淀物及检修时放空管内存水。泄水阀的口径根据泄水支管管径而定，泄水支管的断面面积一般不应小于主管道断面面积的 1/10。泄水支管可直接接入河道式雨水排水管道内，但不得与污水管道接通。泄水支管安装时应有一定的坡度，坡向泄水出口。

□ 消火栓

室外消火栓安装根据各地区的气象冰冻情况，分为地下安装和地上安装两种，寒冷地区均采用地下安装。

消火栓地下安装时，应设在消火栓井内。消火栓井井径不应小于 1m，井内设爬梯，以方便检修。消火栓与主管连接的三通或弯头下部应带座，无座时用混凝土支墩支撑牢固。主管底部外壁距井底不应小于 0.2m，消火栓顶部至井盖底面的距离依各地区的气温情况而定，但最小不应小于 0.2m。寒冷地区消火栓井盖下需进行保温处理，防止消火栓冻结。由主管道接出的立管（连同消火栓）高于 1m 时，应设角钢固定卡子一道，固定在井壁上。井内所设铁件应涂热沥青防腐。

室外消火栓地上安装时，消火栓顶部距地面高为 0.64m，立管应垂直、稳定，控制阀门井距消火栓不应超过 2.5m，弯管底部应设支座或支墩。

d. 水表的安装与维修

在供水设施管理中，水表的安装是机电工务员的最基本的工作之一。

□ 水表的选择

在安装水表之前，要根据具体情况选择适合条件的水表，要估算好供水管道中的水流量，然后选择相应的水表。

各种形式的水表，只要有其存在的价值，则可以肯定它还有一定的优点，任何一种水表从技术经济角度分析，不可能是十全十美的，它们各有优点和缺点。所以，我们在安装水表以前，应根据前面谈到的各种水表优、缺点比较中所分析的，扬其长，避其短，选择适合客观条件的水表，只有这样，才能提高计量精确度和延长使用寿命。

选择水表形式是如此，同样，选择水表计数器的指示形式来说，也应因地制宜。例如，指针、字轮式计数器虽具有读数清晰、抄读方便等优点，但它只适宜装在室内或距地表较浅等能在近距离抄读的场所。如果装在距地表较深（如北方装置水表深度为 1.2～2m）或只能在远距离抄读的场所，则数字就难以认清，尤其是湿式水表，使用日久，字轮泛黄后更难抄读。相反，指针式计数器可根据指针指向的几何角度，立即读出读数，而不需要看清标度圆主分格上的数值。因此，指针式计数机除了我国以外，日本国也仍大量使用。总之，选择水表形式也好，选择计数器指示形式也好，都要从实际出发。

选择水表规格时，应先估算一下在通常情况下所需的流量是多少，然后选择公称流量接近所需流量的那种规格水表，作为欲安装的水表。采用总、分表抄表的居民户，分表户数在 20～30 户的，则总表口径以 40mm 为宜。

□ 水表的安装

在新敷设的管道上安装水表时，必须将管道内的杂物冲洗干净后，再安装水表。

水表装置的位置，应尽可能便于抄读和换表，防止曝晒和寒风直接侵袭的场所。水表度盘应向上，不得倾斜。

严冬季节，水表必须采取防冻措施，尤其在长江（或黄河）以南地区，水表用户更应注意保护。因为北方地区供水企业规定室外装表位置一般均在冻土层以下，而室内水表由于房内取暖，所以反而比南方少麻烦。

水表上游（表前）应至少有 3～5D（D 为水表公称口径）的直管段，这对于水平螺翼式水表来说，尤为需要。水表下游应有任何一处（如龙头）标高，高出水表，以使水表始终在充满水的条件下工作。

水表如装在锅炉附近，表后应装逆止阀，以防热水倒回，烫坏水表零件。.

对于大型耗水工业用户，其通常所需的流量，往往超过口径 200mm 水平螺翼式水表公称流量的数倍。则一种方法是选择更大口径的水表，使公称流量接近所需的流量。另一种方法是将数台口径 200mm 的水平螺翼式水表并联安装。这种装法的优点是，当某只水表发生故障时，仅需该表的前后阀门关闭后，进行换表，其他水表照常工作，不影响用户的正常供水。而该表拆换期间少供的水量，则由其余水表分摊，且不影响这些水表的使用寿命。

□ 各种水表常见故障及处理方法

各种类型水表在出厂校验过程中，或在现场使用过程中，往往会遇到各种异常情况，甚至停走。为使校验和使用中遇到的问题，有的放矢地作出较正确的判断，现将常见的故障及处理方法叙述如下（见表 6—2）。

表6-2 水表常见故障处理方法

序号	形式	异常情况	产生原因	处理方法
1	旋翼湿式水表	核表时发现始动流量差	1. 中心齿与♯1齿轮啮合过紧 2. 齿轮组转动不灵活 3. 前几位指针碰标度盘或上夹板 4. 前二位齿轮啮合面上有毛发或垃圾 5. 叶轮轴与上夹板衬套配合过紧 6. 顶尖头过平 7. 顶尖、整体叶轮、上夹板衬套三眼不直（同轴度差） 8. 齿轮158的大齿片吸附在上夹板下平面 9. 调节孔开启过大 10. 叶轮盒、滤水网与表壳台肩平面接触不严，有缝隙 11. 叶轮碰塑料毛刺	1. 调整中心距或调小齿轮直径 2. 检查轴孔配合、齿轮径向跳动 3. 调整标度盘位置 4. 清除脏物 5. 使间隙为0.15～0.20mm 6. 适当修尖及磨光顶尖头 7. 分别找出原因剔除 8. 计数器充满水、换齿轮 9. 叶轮调高，孔关小 10. 旋紧中罩或换不合格零件 11. 去除毛刺
		核表时发现Qs差及Qmin负超差	1. 上夹板变形后，叶轮上下顶死 2. 叶轮空间位置过低 3. 进水孔切线圆半径过小 4. 水温过低 5. 机芯组装后，叶轮转动不灵活	1. 调顶尖，使叶轮窜量约0.8mm 2. 调高叶轮，关调节孔 3. 放大切线半径，重新调试 4. 重新调试叶轮盒进水孔 5. 查找原因，降低机械阻力
		校表时发现水表快或特别快	1. 叶轮盒进水孔有溢边或毛刺 2. 叶轮盒进水孔太小，不标准 3. 叶轮位置过低 4. 错装大一档规格水表的计数器（如15mm表，错装20mm），或前三位齿轮装错	1. 去除溢边、毛刺 2. 修正进水孔，达到标准 3. 调高叶轮位置 4. 按要求更正

续表

序号	形式	异常情况	产生原因	处理方法
1	旋翼湿式水表	核表时发现水表慢或特别慢	1. 大口径水表齿轮盒筋低于袭壳平面，使法兰盖压不住机芯 2. 叶轮盒、滤水网与表壳台肩平面接触不严，有缝隙 3. 叶轮盒进水孔过大 4. 叶轮空间位置过高 5. 错装小一档规格水表的计数器或前三位齿轮装错	1. 筋上垫以橡皮，使略高表壳平面 2. 旋紧罩或换不合格零件 3. 更换叶轮盒 4. 调低叶轮空间位置 5. 按要求更正
		使用中水表变快	1. 叶轮盒时进水孔表面积垢或杂质堵塞 2. 滤水网孔严重堵塞 3. 顶尖头略有磨损，叶轮空间位置下降 4. 水表不用水自走	1. 清除锈垢杂质或换表 2. 清除杂质或换表 3. 现场调整或换表 4. 解表自走问题
		使用中水表变慢	1. 顶尖严重磨损，机械阻力增大 2. 叶轮村套落下碰叶轮盒 3. 上夹板变形，叶轮上下顶死无窜量 4. 计数齿轮装错（主动轮齿数较要求少）	1. 更换 2. 更换 3. 调整窜量或换表 4. 更换计数器或水表
		水表发出"嗒嗒"声和不用水自走	1. 管网水压剧烈波动 2. 水表玻璃以下和水表以后水管内有空气 3. 水表安装方式不妥	1. 表前装消除波动附件 2. 松表罩及开龙头排气 3. 避免极近距离并联装二表
		水表停走	1. 顶尖头严重磨损，顶尖松动退下及其他原因使叶轮碰底 2. 叶轮衬套松脱并卡住叶轮 3. 齿轮因故折断	1. 换顶尖及重新调整 2. 换衬套或整体叶轮 3. 换齿轮

续表

序号	形式	异常情况	产生原因	处理方法
2	旋翼传千式水表	始动流量差	1. 磁钢磁场强度太强 2. 二对磁钢磁场强度相差悬殊 3. 顶尖头过于平 4. 齿轮组转动不灵活 5. 叶轮转动不灵活 6. 中心齿轮与齿轮盒轴承同摩擦阻力大 7. 叶轮盘与表壳平面接触不严密逃水	1. 选取适当强度的磁钢 2. 调换使其基本相等 3. 适当修尖，磨光 4. 找原因，使灵活转动 5. 找原因，使灵活转动 6. 放大轴承孔，垫玛瑙平轴承 7. 换O形圈使严密接触
		水表快	1. 叶轮盒进水孔表面积垢 2. 调节孔有杂质堵塞或积垢 3. 顶尖略有磨损，叶轮空间下降 4. 水表不用水自走 5. 减速齿轮装错	1. 清除锈垢或换表 2. 清除杂质或换表 3. 调整位置或换表 4. 解决自走问题 5. 更换计数器或水表
		水表慢	1. 顶尖严重磨损 2. 大流量时水表脱磁（叶轮转，中心齿轮只拌不转） 3. 叶轮磁钢上吸附锈垢，影响叶轮运转 4. 减速齿轮装错 5. 叶轮盒与表壳平面接触不严逃水	1. 换顶尖或换水表 2. 减少磁钢间距或换表 3. 清除锈垢或换表 4. 纠正 5. 换O形圈，紧中罩
		水表乱跳字	1. 字轮在字轮盒中间隙过大，拨轮对字轮失去自锁作用 2. 锥齿轮或螺旋齿轮，字轮间啮合失灵 3. 指针孔大而松动	1. 末位字轮后加垫片 2. 保证正确啮合 3. 换指针
		水表停走	1. 磁钢因退磁或间距增大而脱磁 2. 叶轮碰叶轮盒底 3. 字轮卡死 4. 齿轮折断	1. 换表 2. 换顶尖或换表 3. 换计数器或换表 4. 换齿轮或换表

续表

序号	形式	异常情况	产生原因	处理方法
3	水平螺翼式水表	灵敏度差和最小流量偏负	1. 螺翼转动不灵活 2. 螺翼轴同轴度差 3. 螺翼轴与支架、整流器衬套配台过紧 4. 蜗杆、蜗轮啮合过紧	1. 支架、整流器衬套使之同轴 2. 校正同轴度 3. 适当增大间隙 4. 减小其中径或增大中心距
		水表慢	1. 水表机械阻力大 2. 螺翼翼片重叠系数 P<1，即螺旋角 β 大 3. 齿轮装错 4. 螺翼轴衬套严重麟损	1. 找出原因，减少摩擦阻力 2. 适当扭转翼片，减步 P 值 3. 按要求纠正 4. 换表
		水表快	1. 齿轮装错 2. 螺翼角 β 小 3. 表前管道口径小于水表口径或水表流通截面减小	1. 按要求纠正 2. 适当扭转翼片，增大 β 值 3. 找出原因，针对解决
		水表停走	1. 螺翼翼片折断（水中石块、木条等打坏） 2. 齿轮折断或失去传动作用 3. 干式水表磁钢连接失灵	1. 换表 2. 接计数器或换表 3. 换计数器或机芯

e. 水泵的运行和维护管理

□ 启动前的检查

为了保证水泵的安全运行，水泵在启动前必须对机组作全面仔细的检查。新安装的泵更应做好检查工作，以便发现问题及时处理。检查的主要内容如下：

（1）检查机组转动部件是否轻便灵活，泵内有无响声。

（2）检查电动机的转动方向是否与水泵的转向一致。对于离心泵，可以直接启动电动机观察水泵的转向是否与泵体上的转向箭头一致。若不一致，可将电动机的任意两根接线调换一下即可。如果泵体上无转向箭头，则可根据泵的外形来判断，若水泵的旋转方向与蜗壳由小变大的方向一致，则为正转，如图 6－1 所示。

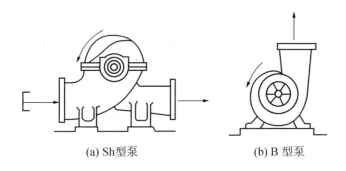

(a) Sh型泵　　　　　　　　(b) B 型泵

图 6－1　根据泵壳判断旋转方向

（3）检查轴承润滑油是否正常，油质是否干净、油位是否符合标准。

（4）检查各处螺栓是否连接完好，有无松动或脱落及不全现象，如有，应拧紧或补上。

（5）检查填料函水封冷却水阀是否打开，填料压盖松紧是否适宜。

（6）检查吸水池水位是否正常，吸水管上阀门是否开启，出水管阀门是否关闭。

（7）检查管道及压力表、真空表、闸阀等管路附件安装是否合理。

检查完毕，则可向泵内灌水或启动真空泵。灌水同时打开泵体顶部的排气阀。抽真空时，应先打开泵体顶部的抽气阀。当排气管中有大量水涌出时，表示进水管和泵内已充满水，可以启动水泵投入运行。

□ 水泵的启动

当进水管和泵内全部充满水后，停止灌水或关闭抽气管上阀门，然后启动动力机。离心泵应关闭出水管上阀门进行启动，当机组达到额定转速时，应立即把闸阀打开出来，否则泵内水流就会因不断地在泵内循环流动发热，介质温度升高，当泵体内液体温度达到其饱和温度以上时，液体蒸发，就会造成事故。

水泵进出口装有真空表及压力表时，启动前应将表下旋塞关闭，待启动后出水正常再打开进行测量，并注意真空表和压力表的读数是否上升。

□ 水泵的运行

水泵运行过程中，必须经常巡回检查各种仪表工作是否正常，稳定；水泵机组有否不正常的噪声和振动；若压力剧烈变化或下降，则可能是因为吸入侧有堵塞或吸入了空气；压力表读数上升，可能是出水管口被堵塞；真空表读数上升，可能是进水管口被堵塞或水源水位下降；电流表指针急剧跳动时，可能是泵内有研磨的地方。

水泵运行中，应经常用温度计检查轴承的温度，并查看润滑油是否足够。一般滑动轴承的最大容许温度为 85℃，滚动轴承的最大允许温度为 90℃。没有温度计时，可用手摸，如感到很烫手时，说明温度过高，应马上停机检查。同时应注意检查电动机的温度，如果温度过高，必须及时停机查找原因。

运行中，应注意填料压盖部位的温度和渗漏情况，正常应使液体处于连续外滴状态；如果渗漏过多，应慢慢均匀地拧紧填料压盖上螺栓；若填料压盖部位液体温度高于 40℃时，可把压盖放松，暂时多渗漏些，待降温后再重新拧紧。

调节流量时必须使用出口侧阀门，不要关闭进口侧的阀门。

□ 停泵时的注意事项

离心泵通常在出口阀关闭之后停车。若先关闭进口侧阀门，往往会引起汽蚀，造成事故。没有底阀的机组停止运行时，还要注意打开真空破坏阀，使泵内的水返回到吸水池去。使用冷却水的泵，停车时不要忘记关闭冷却水阀。在正常运行中因为停电等原因而停车时，首先应断开电源，随后关闭出口阀。

停车后，长期不运行或在寒冷地区无采暖设备泵房内冬季停车，要及时将泵内的液体放掉，防止水泵及附件冻裂。

f. 离心泵常见故障及排除方法

水泵的故障通常是由于产品质量较差，选型与安装不正确，操作维修不当或长期使用后水泵零件的磨损和损坏所引起。现将水泵运行过程中常见的故障和排除方法列于表 6-3 内，供参考。由于引起故障的因素比较多，发生故障后应仔细分析研究，判断引起故障的原因，才能对症下药，及时排除。

表6—3　水泵常见的故障及排除方法

故障现象	产生故障的原因	排除方法
启动负荷太大	启动时没关闭出水管上的闸阀	关闭闸阀，重新启动
运转过程中，消耗功率太大	1. 叶轮与泵壳之间的间隙太小，运转时发生摩擦 2. 泵内吸进了泥沙等杂质 3. 轴承部分磨损或磨坏 4. 填料压得过紧或填料函体内不进水 5. 流量过大、扬程低 6. 转速高于额定值 7. 轴弯曲或轴线偏扭 8. 联轴器间的间隙太小，运转中两轴相顶 9. 电压太低	1. 检查水泵各零件加以修理 2. 拆卸并清除杂质 3. 更换损坏的轴承 4. 放松填料压盖，检查、清洗水封管 5. 适当关小出水管的闸阀 6. 检查电路及电动机，降低转速 7. 拆出轴进行校直及修理 8. 调整联轴器间的间隙 9. 检查电路，向供电部门反映情况
水泵不吸水，压力表及真空表的指针摆动剧烈	1. 灌水不足，泵壳内有空气 2. 吸水管及附件漏气 3. 吸水口没有浸没在水 4. 底阀关闭不严	1. 停车，继续灌水或抽气 2. 检查吸水管及附件，堵住漏气点 3. 降低吸水管，使吸水口浸入水中 4. 检查并修理底阀，使其关闭严实
水泵不吸水，真空表指示高度真空	1. 底阀没打开或滤水部分淤塞 2. 吸水管阻力太大 3. 吸水进水位下降，水泵安装高度太大 4. 吸水部分淹没深度不够，水面产生漩涡，空气被带入泵内	1. 检修底阀，清扫滤水头 2. 清洗或更换吸水管 3. 核算吸水高度，必要时适当降低水泵安装高度 4. 加大吸水口淹没深度或采取防止措施
压力表虽有压力，但出水管不出水	1. 出水管阻力太大 2. 水泵转动方向不正确 3. 叶轮进水口及流道堵塞	1. 检修或更换出水管 2. 对换电机一对接头，改变转向 3. 揭开泵盖，清除杂物

续表

故障现象	产生故障的原因	排除方法
流量不够	1. 滤水网及底网堵塞 2. 口环磨损严重，与叶轮间间隙过大 3. 出水口闸阀开得不够大 4. 输水管路漏水 5. 叶轮流道被堵塞 6. 吸水口端部淹没深度不够	1. 清除杂物或修理 2. 更换口环 3. 适当开启闸阀 4. 检查修理或更换输水管 5. 清洗叶轮 6. 适当降低吸水部分
填料处过热	1. 填料压得过紧 2. 填料环装的位置不正 3. 水封管堵塞 4. 填料盒与轴不同心 5. 轴表面有损伤	1. 适当放松填料，使水呈滴状连续渗出 2. 调整填料环位置，使它正好对准水封管口 3. 疏通水封管 4. 检修，使其同心 5. 修理轴表面损伤
填料函渗漏水过多	1. 填料压得不紧密 2. 填料磨损或使用时间过长，失去弹性 3. 填料缠法不对 4. 轴有弯曲或有摆动 5. 通过填料函体内的冷却液含有杂质，使轴磨损	1. 拧紧填料压盖或补加一层填料 2. 更换填料 3. 重新缠装填料 4. 校直或更换新轴 5. 更换或处理冷却水，使其清洁，修理轴的磨损处
轴承过热	1. 轴承损坏或松动 2. 轴承安装得不正确或间隙不适当 3. 轴承润滑不良（缺点或油量过多），油质不佳 4. 转弯曲或联轴器没找正 5. 滑动轴承的甩油环不起作用 6. 叶轮平衡孔堵塞，使泵的轴向力不能得到平衡 7. 压力润滑油循环不良	1. 更换轴承 2. 检查修理，重新安装 3. 把脏油放出，用煤油或润滑油把轴承清洗干净，然后灌入质量合格的新油至规定油面 4. 矫正联轴器，直轴或更换轴 5. 放正油环位置或更换油环 6. 清除平衡孔上的杂物 7. 检查油循环系统是否严密，油压是否正常

续表

故障现象	产生故障的原因	排除方法
水泵机组振动	1. 地脚螺栓或没填实 2. 安装不良，水泵转子与电动机转子不平衡 3. 联轴器不同心 4. 轴承磨损或损坏 5. 泵轴弯曲 6. 基础不坚固 7. 转动部分有摩擦 8. 转动部分零件松弛或破裂	1. 拧紧或填实地脚螺栓 2. 检查水泵与电动机中心是否一致，并找平衡 3. 找正联轴器同心度 4. 更换轴承 5. 矫直或更换泵油 6. 加固基础 7. 找出原因，消除摩擦 8. 上紧松动部分部件，更换损坏件
水泵机组有噪声	1. 吸水管阻力太大 2. 吸水高度太高 3. 吸入侧有空气渗入，水泵汽蚀	1. 检修吸水管，底阀及滤水网 2. 适当降低吸水高度 3. 检查吸水管及附件，堵住漏气

B 供电设施的检查与维护

a. 变压器的运行及故障处理

变压器是交流电网中改变电压、传递能量的主要电气设备。为了远距离送电和减少线路损耗，用升压变压器将电压升高，送到用户后再用降压变压器降压，升（降）压的次数是根据发电机输出电压、传输距离、输送功率、用电设备等情况来确定的。

电力变压器品种繁多，按组成变压器线圈的材质，可分为铜线圈和铝线圈两种；按组成铁心的材质，可分为冷轧硅钢片和热轧硅钢片两种；按工作状况，还可分单相变压器、三相变压器、调压变压器等。

变压器主要由线圈、铁心、外壳、套管、油枕等组成。根据需要，还设置分接开关、散热器、瓦斯继电器等辅助设备。

□ 变压器在运行中的要求

（1）音响正常无杂音。变压器通电后，就有嗡嗡的响声，这是因为在铁心里产生了周期性变化的磁力线，而引起硅钢片振动的结果，此现象属于正常现象。当变压器内部或外部发生故障时，交流电的波形发生变化，除基本波形即正弦波之外，还有其他高记次谐波，故会造成杂音。此种现象属于不正常现象，应查明原因，设法消除，以保证变压器的正常运行。

（2）无严重漏油现象，油位及油色应正常。变压器内的油是起冷却线圈和铁心之用，同时起绝缘作用，因此，油位应正常，油色应清晰透明。

（3）油温不能超过允许值。变压器温度以变压器油的上层油温作为标准，它对变压器的寿命影响很大，变压器的寿命一般是指绝缘材料的寿命，因为变压器线圈的绝缘长期在高温作用下，逐渐变脆而破裂，结果使变压器的绝缘损坏，造成变压器故障。当环境最高气温为（＋40℃）时，变压器的顶层油温不要超过95℃，为了防止变压器油劣化过速，顶层油温不宜经常超过85℃。

（4）注意变压器的温度。影响变压器温度的因素：

①周围环境温度的影响。由于周围环境温度的变化，使变压器的温度随之而变化。因夏季的气温比冬季高，所以，在夏季室外变压器温度比冬季高。另外，因通风不好室内的变压器温度就比室外变压器温度高。

②变压器制造质量的影响。如变压器制造质量好，其铜损、铁损都小，温度也比较低。

③变压器所带负荷的影响。变压器线圈的发热量与负荷电流的二次方成正比，若变压器经常按额定容量运行，则其寿命为 18～20 年；若变压器经常在超负荷情况下运行，则变压器的寿命大大缩短。

④变压器工作电压的影响。在正常情况下，变压器应保持在额定电压下运行，因为高于允许电压运行时，会缩短变压器的使用寿命。假如工作电压比额定电压高出 10％时，变压器的铁损就要增加 30％～50％，因此变压器温度就要升高。

（5）变压器的外壳必须接地良好。变压器的外壳应装设接地线，接地线应保持完整无腐蚀，且接触良好。其接地电阻值视变压器的容量而定。变压器容量在 100kVA 以上者，接地电阻应不大于 4Ω，容量在 100kVA 及以下者，接地电阻不应大于 10Ω。

（6）变压器套管应保持完整及清洁，且无裂纹、破损及放电痕迹。

当变压器的套管上存在着上述缺陷时，如遇毛毛雨、大雾及雪，瓷套管的泄漏电流会增加，引起绝缘下降，甚至会产生对地闪络故障。所以，当发现有上述缺陷时应及时处理。

□ 变压器的允许运行方式

（1）允许温升。我国电力变压器，大部分采用 A 级绝缘，即浸渍处理过的有机（布、丝绸、纸等）材料，这类绝缘材料最高允许温度是 105℃，按我国国家规定，周围环境额定温度为 40℃，变压器线圈的最大允许温升为 65℃。为安全起见，运行中的变压器上层油温不宜经常超过 85℃，最高不超过 95℃。

（2）变压器的过负荷。变压器的额定容量是指在使用期限内所能连续不断输出的容量。但变压器在实际运行中，负荷是经常变化的，最小与最大负荷相差较大，为使过负荷运行不致降低变压器的使用寿命和发生危险，应把过负荷运行状态限制在一定范围内。变压器的过负荷能力，是指在某一相当短的时间内变压器所能输出的最大功率，而在该时间间隔内不损害其使用寿命和增加绝缘的自然损坏。因此，过负荷的倍数和在过负荷运行时间均有一定的限度。

当变压器过负荷运行时，温升就要增加，因为变压器的允许负荷电流是从温升不超过 65℃ 考虑的，所以过负荷运行会使绝缘老化，缩短变压器的使用年限。但是变压器负荷能力与周围空气温度的变化及是否经常满负荷运行有关，故在不影响变压器寿命的情况下，可以考虑短时的过负荷，对室外变压器而言，过负荷值不应超过额定容量的 30%，对室内变压器而言，过负荷值不应超过额定容量的 20%，在正常情况下，变压器的负荷应经常保持在额定容量的 75%～90% 时较适宜。

（3）允许的不平衡电流和电压变动范围。三相四线式配电变压器，中线电流不得超过低压线圈额定电流的 25%，否则应调整负荷。

变压器在运行中，由于昼夜负荷的变化，电网电压有一定的变动，因而变压器的外加一次电压可有一定变动。若大于其额定电压时，不应超过规定的允许数值。

（4）允许的短路电流。变压器在运行中，由于供电系统发生故障，如过电压造成的绝缘击穿、绝缘的机械损坏、运行人员的误操作等，均会使变压器在事故过程中承受比额定电流大得多的短路电流，在此短路电流作用下，变压器线圈受到巨大电动力的作用而可能产生变形，并造成线圈内部温度突然上升，致使绝缘老化加速，这是对变压器极其有害的，为此规定短路电流的稳定值应不超过额定电流的 25 倍，如超过时应采取限制措施，如加装限流电抗器等。

（5）动稳定。变压器线圈的机械力是由交变的漏磁通引起的。高、低压侧的方向相反，作用于线圈上力的方向是要将两个线圈彼此推开，这种力称为径向力或幅向力。变压器的线圈结构必须保证线圈具有足够的机械强度，以保证能承受短路时所产生的电动力。即在变压器运行条件下，任一分接头位置都应承受由于线圈端突然发生的短路而产生的电动力。

（6）热稳定。当变压器发生短路时，线圈除承受很大的电动作用力外，同时温度很快上升，即瞬变过热，这将使线圈绝缘强度和机械强度降低。

按国家标准规定，变压器在运行条件下，任一分接头位置应能承受任何线圈的线端短路所产生的热作用。

（7）绝缘电阻允许值。使用摇表测量变压器线圈绝缘电阻是检查变压器线圈状态的最基本、最广泛、最方便的方法，一般使用 1 000～2 500V 的摇表来测量。变压器在投入运行前均应测量线圈绝缘电阻，合格后方可投入运行。如果在运行期间，发现绝缘电阻值较同一油温最初值降低 30% 时，则应进行处理。在变压器运行中测量绝缘电阻时，应在气温相同、使用摇表的电压相同条件下测得。如两次测量时变压器的温度不相同，则应换算至 75℃ 时的数值进行比较。

□ 变压器在运行中的维护及检查

变压器在运行中的维护和检查要做到如下几点：

（1）运行中的变压器，应每月进行一次不停电的外部检查，如有机电工务值班人员时，则每日检查一次，每星期还应有一次夜间检查，以使了解和掌握变压器的运行状态，发现问题及时解决，力争把故障消除在萌芽状态。

（2）查看油枕的油色、油面高度及有无漏油处所，并记录油温。对于未装温度计的变压器，应用适宜的方法检查油温情况，如用点温计测量其油温。

（3）检查变压器上层油温。变压器上层油温一般在 85℃ 以下，但是由于每台变压器的负载大小和冷却条件不同，上层油温也随之而异。因此，配电值班员在检查时，不能以不超过 85℃ 为标准，应与以往运行数据相比较，如温度突然过高，可能是冷却装置部分有故障，也可能是变压器内部有故障。如冷却装置各部温度有明显不同时，则可能是管路有堵塞现象。

（4）检查套管是否清洁、有无裂纹及放电痕迹等。

（5）检查变压器响声，正常情况一般是均匀的嗡嗡声，如内部有劈啪的放电声或不均匀的电磁声音，应细心检查，并向调度汇报情况。

（6）检查母线连接及电缆有无异常情况，如发热等。为了保证设备安全运行，并及时消除异常状态，机电工务员应树立"常备不懈"的思想，做好事故预想和运行记录。

机电工务员在变压器运行中发现有任何不正常现象，如漏油、温升和音响异常时均应采取一切措施将其消除，并及时报告电力调度，同时应将不正常现象记入记录簿内。当不正常现象严重有威胁供电系统的安全时，应立即停止运行，若有备用变压器时，应尽可能将备用变压器投入运行，退出故障变压器。

□ 变压器运行中的不正常现象

变压器运行中，由于运行不当或处于事故的初期阶段，可能出现以下几种不正常现象。

（1）变压器有强烈而不均匀的噪音时，则有两种可能性：一种是由于铁心夹紧螺丝长期受震动而松动；另一种可能由于变压器端电压超过了允许值。至于变压器内部有爆裂声，亦有两种可能性：一种是线圈或引出线对外壳的电气距离不够等而造成闪络放电；另一种是铁心接地线断裂，由于感应作用，铁心对地具有高压电，会引起铁心对地间断放电，放电的电弧可能损坏变压器的绝缘。

（2）变压器严重漏油、缺油引起的事故：

①变压器油面降到油位表监视线以下时，无法对油位的变化和颜色进行监视。

②油位降到变压器顶盖以下时，就增加了油和空气的接触面，油就会因氧化和吸收空气中的水分而降低绝缘强度、空气的侵入还会破坏线圈的绝缘，使铁件产生锈蚀。

③油位再降低时，变压器的导线部分对地和相互之间绝缘会降低，在过电压时，就可能造成相间或对地击穿放电。当电压分接头板露出油面时，分接头板还可能产生爬弧放电。

④当油位严重降低，以至低到使变压器的散热器管上口也露出油面时，变压器油就不能正常循环对流，变压器的温度就要升高，使高压器的使用年限缩短，甚至烧毁变压器。

（3）在正常冷却条件和相同负荷下，变压器温度不断升高，则说明变压器内部有故障。如铁心穿打绝缘破损，线圈过热或电压过高产生火花和匝间短路等，在这种情况下，要及时断开变压器进行处理。

（4）油色变化过甚，油内出现碳质等，说明油质急剧下降，这时容易使线圈对外壳击穿。

（5）发现瓷套管有大的碎片和裂纹，或并有明显的放电现象时，应立即更换。

（6）变压器着火。此时应将变压器所有开关断开，然后再用消防设备进行灭火。若有备用变压器时，应先投入备用变压器。

（7）变压器自动跳闸时，应立即检查继电保护动作情况和跳闸时外部有何种现象，并用试验方法测量变压器的绝缘电阻、直流电阻和油的绝缘强度等。如果试验结果良好，证明变压器不是由于内部故障所引起的，经外部检查后变压器重新投入运行。若试验时有内部故障征象，如绝缘电阻显著下降、直流电阻明显减少并有较大的不平衡时，变压器应进行停电检查，待故障消除后才能送电。

（8）变压器事故过负荷。在没有备用变压器的情况下，必要时允许工作变压器在事故情况下使用，对于自冷和风冷的油浸变压器，允许的事故过负荷可参照表 6—4。

表 6—4　变压器允许的过负荷百分数及时间

过负荷的百分数（%）	允许时间（min）	
	室外变压器	室内变压器
30	120	60
60	30	15
70	15	8
100	7.5	4

□ 变压器的故障

（1）线圈的匝间短路和对地击穿。变压器运行中最容易发生故障的是变压器的线圈，占故障的 60%～70%。而故障的主要形式是匝间短路和对地击穿，主要是由于制造或修理过程不小心损伤线圈绝缘，或运行中因线圈绝缘损坏和老化而产生的。

匝间短路的特征是异常发热，有时油可发出咕嘟声，电源侧电流增高，变压器各相电阻不同。

为了发现匝间短路可测量各相直流电阻的不平衡情况，并进行空载试验，加试验电压时匝间短路处就会向外冒烟，便可确定匝间短路的位置。

线圈对地击穿产生的主要原因是，主绝缘老化产生破裂；变压器油受潮、浸水而绝缘下降；线圈内部有杂物；油面下降或由于操作过电压和大气过电压等。在上述原因中由于操作过电压和大气过电压所产生故障占比例较大。

（2）铁心"失火"。运行中的变压器由于涡流和磁滞损耗会使铁心发热，且逐渐损伤其叠片间的绝缘。硅钢片绝缘不良的特征是：漆膜脱落、部分硅钢片裸露、变脆、起泡和绝缘炭化而变黑色。

硅钢片漆膜的局部损伤很难发现，但由于局部损伤硅钢片的高热，经过较长时间后，可能逐渐伤及邻近的片间绝缘，甚至使局部绝缘损坏而引起铁心"失火"。

另外，夹紧铁心柱或铁轭螺杆的绝缘老化和损坏，以及螺杆将铁心叠片局部短路等，均能使螺杆通过短路电流而发热，进而影响附近的硅钢片，甚至局部熔毁，造成严重事故。

（3）套管的破损。变压器套管的破损常常是由于对油箱击穿或相同闪络造成的。

套管对油箱的击穿大部分由于套管本身具有隐蔽的裂纹，或检修安装时由于操作不当所产生的裂纹，以及套管内表面存在污物或变压器内油面下降的结果。

套管相间发生闪络的情况较少，因为其间具有足够的绝缘距离。此种事情的发生，大部分因鸟类和小动物飞扑到套管上发生短路造成的。

（4）变压器分接开关的损坏。分接开关的损坏大部分是动触头和定触头接触面的烧损，损坏的原因可能是由于结构上的缺陷，接触压力不足以及变换分接头时接触位置不够准确。还有变压器短路状态时，由于过电流热作用和过电流产生的电动力而使分接开关接触间产生电弧等原因损坏分接开关。

（5）油箱和散热器漏油。油箱和散热器漏油是由于焊接质量不高所致。发现漏油时，一般应将油箱内的变压器油放出，吊出器身，再进行补焊。

b. 断路器的运行及故障处理

断路器是变配电所的重要电气设备，它不仅可以"接通"或"断开"线路的空载电流和负荷电流，而且当线路发生故障时，它和保护装置、自动装置配合，能迅速切断故障，以减少停电范围，防止事故的扩大。

在电网中的断路器，按其灭弧介质可分为液体介质断路器、气体介质断路器、真空断路器及磁吹断路器等。在液体介质断路器中，有多油断路器和少油断路器。所谓多油断路器，就是其中的变压器油不但是灭弧介质，而且还担负着相间、相对地的绝缘作用。所谓少油断路器，就是其中的变压器油仅作为灭弧介质，而相间、相对地的绝缘一般由空气、电瓷介质等承受。

断路器工作能力是由许多参数决定的，这些参数对于评价断路器的性能，对于按要求选择适合的断路器都很重要，其主要参数如下：

（1）额定电压。这是容许断路器连续工作的工作电压，一般额定电压有

6kV、10kV、20kV、35kV、60kV、110kV 等级，标于铭牌上。

（2）额定电流。这是指断路器中长期允许通过的工作电流，一般额定电流有 200、400、600、1000、1500、2000 等级，单位为 A。

（3）断流容量。在一定电压下的断开电流与该电压的乘积再乘以 $\sqrt{3}$ 后，为该电压下的断流容量，它表明在一定电压下的最大新路能力，断路容量有 15、30、50、100、150、200、250、300、400、750、1000、1500、2000 等级，单位为 MVA。

（4）极限通过电流是断路器在合闸位置时容许通过的最大短路电流。这数值是由各导电部分能承受最大电动力所决定的，单位为 kA。

（5）热稳定电流。断路器在合闸位器，在一定时间内通过短路电流时，不因发热而造成触头熔焊或机械破坏，这个电流值称为一定时间的热稳定电流。

（6）合闸时间。对有操作机构的断路器，自发出合闸信号起，到线路被接通时止所经过的时间，一般在 0.5s 左右。

（7）断开时间。断开时间是从加上断开信号起，到三相中电弧完全熄灭时所经过的时间，一般为 0.15s 左右。

□ 断路器的运行

在正常运行时，断路器的工作电流、最大工作电压及断流容量不得超过铭牌额定值。

（1）断路器正常运行时的总则。

①要有明显的分合闸标志，即红、绿指示灯指示正确，分合闸机械指示器清楚，以用来校对断路器分合闸实际位置。

②明确断路器断开的短路次数，以便很快地决定计划外的检修。断路器每次故障跳闸后，应进行外部检查，并作记录，一般累计故障跳闸四次，应进行解体检修。

③禁止将有拒绝跳闸缺陷或严重缺油、漏油等异常情况的断路器投入运行，若需要紧急运行，必须采取措施。

④在检查断路器时，配电值班员应注意辅助接点的状态，若发现接点被扭转、松动等情况应及时检修。

⑤检查断路器合闸的同时性，如调整不良、拉标断开或横梁折断而一相未合闸，则可能引用"缺相"，即两相运行。配电值班人员发现后应立即停止其运行。

⑥少油式断路器外壳均带有工作电压，故在运行中配电值班人员不得打开门或网状遮栏，严禁接近带电部分。

□ 断路器在运行中的维护和检查

断路器的安全无事故运行：与机电工务员的检查工作有很大关系。机电工务员在值班期间要树立高度的责任心和牢固的安全思想，勤检查、勤分析、勤记录，发现设备缺陷，要及时清除以维持设备的良好状态，保证断路器安全运行。

断路器在运行中的检查项目有：

（1）油位检查。断路器中的灭弧是用油来进行的，因此断路器本身在运行中应保持正常油位，即油位计应指在规定的两条红线中间。油位的变化是随着断路器内部油量多少和油温的高低而变化的。而油温是随着周围环境温度和负荷的变化而变化的。因此，应经常检查断路器中的油位，使其在运行中保持正常位置。当油位过高时，通过放油阀放油。当油位过低时，设法加油，使油位维持正常位置。

（2）在夜间检查断路器有无放电及电晕现象。

（3）油色的外貌检查。在正常运行中，断路器的油色应透明，不发黑。油色的检查虽不是直接判定油质能否使用的标准，但可迅速而简便的判断油质的变化程度。

油位计中的油在运行中颜色应当鲜明，不变质。我国国产的新油，一般是淡黄色，运行后呈浅红色。如断路器的油色在近期内突然变深、变暗甚至呈深褐色时，说明油的绝缘强度下降，介质损失增高，油已经开始老化了，应检查是否因断路器桶皮或内部发热所致，并测试桶皮温度，同时考虑该断路器应停电放油，检查接触面，清洗、更换新油。

（4）断路器渗油、漏油的检查和处理。断路器在正常运行中不应有渗油、漏油现象，以防止油位降得过低。在断路器切断故障时，引起断路器爆炸或由于渗油、漏油而造成油污对设备的侵蚀时，将降低瓷瓶表面的绝缘强度。

（5）断路器触头的检查和处理。断路器在切断故障短路电流累计四次以上时均应拆开，检查触头是否有烧坏和磨损现象。

（6）断路器操作机构的检查。在正常运行时，断路器的操作机构应良好，断路器分合闸的实际位置与机械指示器及红、绿指示灯应相符合。若不符合，可能发生断路器操作机构与连动机构脱节，或连动机构与导电杆脱节的故障。修好后应再进行分合闸试验。操作机构的故障会在短路情况下，因断路器不跳闸而引起重大事故。如操作机构动作迟缓，将引起消弧的延缓，其后果使继电保护动作不正确，如越级跳闸等；严重时，使断路器爆炸。所以配电值班人员要经常巡回检查断路器情况，保持：

①操作机构良好；

②罩子无脱落；

③手动跳闸装置良好。

（7）其他检查。检查断路器瓷瓶、套管，表面应清洁、无裂纹及无放电痕迹。

□ 断路器的异常运行及故障处理

断路器是自动闭塞变电所中重要的电器设备，断路器发生故障将给铁路运输带来巨大损失，除断路器可能损坏外，还可能引起电力设备供电中断，严重影响行车和人身的安全。所以，机电工务员应对断路器进行仔细检查，并及时处理好存在的缺陷，以保证断路器的安全运行。如果断路器发生故障，则机电工务员的任务是尽一切可能消除故障，迅速恢复对自动闭塞线路正常供电。

（1）断路器的常见故障。断路器的常见故障如下：

①当断路器在缺油情况下切断短路电流时，电弧不能熄灭，这引起断路器烧坏，严重时会使断路器爆炸。

②断路器缘绝子破坏，拉标瓷瓶断裂，橡皮密封垫有缺陷。

③断路器操作机构拒绝跳闸。

④断路器操作机构拒绝合闸。

⑤断路器严重渗油或油变质。

⑥断路器运行温度不正常。

（2）断路器事故跳闸后的检查。断路器事故跳闸后应从以下几个方面进行检查：

①检查断路器油位、油色及油量。

②检查断路器外部有无变形，各连接处的接头有无松动及过热现象。

③检查断路器有无冒烟、焦臭味等。

④检查断路器瓷瓶、套管和连杆有无断裂及脱落现象，断路器位置有无移动。

⑤发现断路器操作机构附近有冒烟、焦臭味时，可能是合闸线圈烧坏，合闸线圈烧坏的原因有：

○ 合闸接触器接点卡住。

○ 重合闸继电器接点粘连。由于它的粘连使断路器重合未成功，断路器脱扣紧闭接点又接通，因而造成合闸线圈长期带电而被烧坏。

○ 合闸时辅助常闭接点断不开，或接触器返回电压过低。因此通过绿色指示灯到接触器的电流过大（当其串联电阻选择不当时就更大），造成接触器线圈长期带电，而使合闸线圈烧毁。

（3）断路器在运行中的发热。断路器在运行中发热可由下列原因引起：

①由于断路器的超负荷。

②断路器的接触电阻过大，动静触头接触不良，插入深度不够，静触头的触瓣（触指）歪斜，压紧弹簧松弛及支持环裂开、变形，造成接触电阻增大。

③可能由于周围环境温度升高而引起断路器发热。

（4）断路器拒绝合闸。当操作手把置于合闸位置时，绿灯闪光，而合闸红灯不亮，仪表无指示，喇叭响，断路器分、合闸指示器仍在分闸位置。从上述现象可判断，断路器未合上，其原因有：

①可能合闸时间短而未合上；

②操作熔断器 1RD、2RD 熔断；

③合闸熔断器 3RD、4RD 熔断；

④断路器辅助常闭接点 DL_1 接触不良。

⑤母线互感器失压、继电器接触不良引起无压释放。

⑥与相邻断路器的连锁条件不具备。

⑦操作机构弹簧过紧，机构不灵活，挂钩卡不牢等。

⑧直流操作电压过低，如电压为额定电压的 80% 以下。

⑨如果跳闸绿灯熄灭而合闸红灯不亮，可能灯泡烧坏。

（5）断路器拒绝跳闸。断路器的操作回路，在跳闸位置时，KK 接点的接通情况为：

①预分闸时，14、15 接通；

②分闸时，6、7 接通；

③分闸后，11、10 接通。

当设备有故障时，断路器的操作机构拒绝跑闸，这将会引起电气设备烧坏，或越级跳闸。如电源侧断路器跳闸，会使自动闭塞变配电所全部停电。严重影响铁路交通运输，造成列车晚点。机电工务员如发现电流表全盘摆动，电压指示显著下降，信号继电器掉牌，光字牌发亮，则说明自动闭塞馈出线路有故障。但发现断路哭未跳闸，这时，机电工务员应立即用手动将跳闸线圈内铁心顶上，使断路器跳闸，以防事故的扩大。

根据实际运行经验，拒绝跳闸的原因有：

○ 继电保护装置有故障；

○ 跳闸回路熔断器熔断；

○ 断路器的常开辅助接点接触不良；

○ 跳闸线圈烧坏；

○ 跳闸铁心卡住，或操作机构失灵；

○ 操作电源电压太低。可能是三相整流器的熔断器熔断一相或电源本身电压太低所致。

（6）断路器自动跳闸及自动合闸。

①断路器自动跳闸。如断路器自动跳闸而该开关柜上的继电保护未动作，但在跳闸时自动闭塞线路中又未发现短路和其他异常现象，则认为是误跳闸。发生误跳闸的原因是：

○ 机电工务员误操作；

○ 有人靠近断路器操作机构时碰动断路器；

○ 正在维修或检查继电保护回路而使继电保护误动作，或因受震动使出口继电器常开接点闭合而跳闸；

○ 变电所周围有剧烈振动。

如果不是误操作则应检查操作机构：

○ 检查断路器跳闸脱扣机构是否有毛病。

○ 检查断路器定位螺杆调整是否得当，若操作机构正常，则可能是直流操作回路中发生两点接地而使断路器跳闸。如图 6－2 所示，在跳闸线圈的直流操作回路中，若发生 a 点和 b 点接地，则造成断路器自动跳闸。

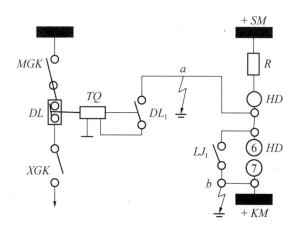

图 6－2　直流回路两点接地造成断路器自动跳闸图

○ 如图 6－3 所示，在保护回路中发生 a 点和 b 点接地，使直流正、负电流接通，造成断路器自动跳闸，这相当于继电保护动作，产生信号而引起跳闸。在

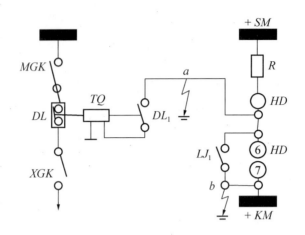

图 6—3 断路器误动作接线围

断路器自动跳闸后，应立即处理，处理完毕，用手动或自动重合闸装置将跳闸的断路器重合上，以保证对用户连续供电。

②断路器自动合闸。断路器自动合闸的原因有：

○ 如图 6—3 中直流回路正、负极两点接地，造成断路器自动跳闸后再自动重合闸。

○ 重合闸继电器内某元件故障，如内部时间继电器 DS 常开接点误闭后，造成断路器自动重合。

机电工务员如发现断路器自动误合闸时，应立即分闸。如已合于短路或接地的线路上，则继电保护会自动跳闸。故须对断路器及一切通过故障电流之设备进行详细检查。

（7）断路器缺油。断路器缺油将失去灭弧能力，在这种情况下切断负荷，或线路故障而自动跳闸，就不能熄灭电弧，并有可能造成断路器爆炸。事故扩大后，还将引起母线短路，造成其他设备损坏等事故。

当发现断路器严重缺油时，应立即断开操作电源，在手动操作把手上悬挂"不准拉闸"的警告牌，然后进行加油处理。

（8）断路器着火。断路器着火的原因有：

①断路器外部套管污秽或受潮而造成对地闪络或相间闪络。

②油绝缘老化或受潮绝缘下降而引起断路器内部闪络。

③断路器切断动作缓慢或切断容量不足。

④切断强大电流时电弧产生的压力太大。

断路器着火时，首先应使断路器与电源脱离，不使火灾区域扩大，然后用泡沫灭火机灭火。

c. 隔离开关的运行及故障处理

隔离开关是高压开关的一种。它没有专门的灭弧结构，故不能用来切断负荷电流和短路电流。使用时应与断路器配合，只有在断路器断开后才能进行操作。

□ 隔离开关的用途与要求

（1）用途：

①将电气设备与带电部分隔离，以保证被隔离的电气设备能安全地进行检修。

②改变运行方式，可利用隔离开关将设备或线路从一组母线切换到另一组母线上去。

③接通和断开小电流，隔离开关一般不允许带负荷操作，如回路中无断路器时，允许使用下列操作：

○ 开、合电压互感器和避雷器；

○ 开、合仅有电容电流的母线设备；

○ 电容电流不超过 5A 的无负荷线路。当电压在 20kV 及以上时，应使用户外三相联动隔离开关；

○ 用户外形三相联动隔离开关，允许开、合电压为 10kV 及以下，电流为 15A 以下的负荷；

○ 开、合电压为 10kV 及以下，电流在 70A 以下的环路均衡电流。

（2）对隔离开关的一般要求：

①所有隔离开关的电压等级及容量应符合使用条件。

②在开断状态时，隔离开关动、静触头之间开距应符合要求，保证在任何情况下，不致造成电击穿，并易于观察其明显的分断状态。

③隔离开关应具备闭锁装置，该装置动作灵活，正确可靠。带有接地刀刃的隔离开关，接地刀刃与主触头的机械闭锁应正确可靠。分闸时先断开主触头，后台接地刀闸；合闸时先合接地刀闸，后合主开关。

④三级联动隔离开关，三相同期误差不得大于 5mm。

⑤隔离开关合闸时，接触应良好。一般以 0.05mm×10mm 的塞尺检查：对于线接触应塞不进去；对于面接触，在接触面宽度为 50mm 及以下时，不应超过 4mm，在接触面宽度超过 60mm 及以上时，不应超过 6mm。

□ 隔离开关的操作

在操作前，作业人员应检查断路器的确在断开位置，方允许进行隔离开关的开、合闸操作。在合闸时，如系手动操作，应先拔出联锁销子再进行合闸，开始要缓慢，当刀片接近刀嘴时，要迅速合上，以防止发生电弧。合闸时如发生电弧，则应将隔离开关迅速合上，禁止将隔离开关再往回拉，如往回拉将使弧柱扩大，造成设备烧损。在合闸终了时，用力不可过猛，以避免合过头，造成地持瓷瓶受伤。合闸作业完成后，应检查合闸是否良好，刀片应完全进入固定触头刀嘴内，要防止因接触不良而引起触头发热。对在转轴上回转的隔离开关，合闸后应使刀片完全处于固定触头的平面上，这样才能保证触头处的压力和接触电阻。冬季操作户外隔离开关时，可用数次接通和断开的方法，将触头的冻冷和霜雪摩擦掉，使隔离开关合上后，能保证触头接触良好。

在拉闸时，开始时应慢且谨慎些，当刀片刚离开固定触头时，如发生电弧，应立即将隔离开关重新合上，停止操作。但在切断小负荷电流和充电电流时，拉开隔离开关将有电弧产生，此时应迅速将隔离开关断开，以便顺利消弧。在拉闸终了时要缓慢，这是为了防止冲击力对支持瓷瓶和操作机构的损坏，最后再检查销子是否销牢。在拉闸操作完毕后，应检查隔离开关的确在断开位置，断开的空气绝缘距离及拉开角度，应符合规定。如断开后的距离小于规定值，应插入绝缘隔板，否则带电侧与停电挂接地封线的一侧，可能发生放电短路事故。有传动机构的隔离开关，应有限止挡，以防回转时超过制造厂预计的角度，这种限止挡是无事故操作的条件之一。在实际运行中，机电工务员操作户外 35kV 隔离开关时，由于隔离开关没有限止挡，曾发生过动触头回转角度超过规定值，导致引线与隔离开关各相应有距离破坏，引起短路的事故。

短路时，不允许隔离开关自动脱落，为此隔离开关在合闸位置时应以机构联锁装置联锁，机电工务员需要检查这些装置，在每次合闸后用销子将隔离开关锁牢，以免自动脱开，造成停电事故。

□ 隔离开关在运行中的维护

（1）隔离开关在运行中的监视。机电工务员的任务之一是用隔离开关进行切换操作和对它进行监视。在正常运行中监视隔离开关的电流不得超过额定值，温度不超过允许温度 70℃ 运行。隔离开关的接头及触头在运行中不应有过热现象，可采用变色漆或示温片进行监视。

（2）隔离开关在运行中的检查。配电值班员在巡视配电装置时，对隔离开关应进行仔细检查，如发现缺陷应及时排除，以保证隔离开关的安全运行，其检查项目如下：

①检查绝缘子状态，应完整无裂纹，无电晕和放电现象。

②检查操作连杆及机械各部，应无损伤，不锈蚀，各机件应紧固，无歪斜、松动、脱落等不正常现象。

③检查联锁装置。在隔离开关拉开后，应检查电磁联锁或机械闭锁的销子确已销牢，隔离开关的辅助接点位置应正确，接触良好。

④刀片和刀嘴的消弧角应无烧伤、变形、锈蚀，不倾斜。在触头接触不良的情况下，会有较大的电流通过消弧角，引起两个消弧角发热、发红。在夜间巡视检查时，在远处即看到一个小红火球的消弧角，严重时会接在一起，使隔离开关无法拉开。

⑤刀片和刀嘴应无脏污及烧伤痕迹，弹簧片，弹簧及铜瓣子应无断股、折断现象。

⑥检查隔离开关的触头。在运行中刀片和刀嘴的弹簧片会锈蚀或过热，使弹力降低。隔离开关断开后，刀片及刀嘴暴露在空气中，容易发生氧化和脏污。隔离开关在操作过程中，电弧会烧伤动、静触头的接触面；各连动机件会发生磨损或变形，影响接触面的接触。同时在操作过程中，若用力不当，还会使接触位置不正，触头压力不足及产生机械磨损。上述这些情况，均会导致隔离开关动、静触头的接触不良，所以配电值班员应加强检查和维护，注意隔离开关的操作，及时消除设备缺陷以保证隔离开关的安全运行。

□ 隔离开关的故障处理

（1）隔离开关在运行中接触部分过热。机电工务员在巡视作业中，对隔离开关触头发热的情况可用变色漆或示温片颜色的变化来判断，也可以根据刀片的颜色发暗程度来判断。产生发热的原因很多，如由于压紧弹簧松弛及接触部分表面氧化，使接触电阻增加，温度升高，严重时产生电弧，造成接地和相间短路。另外，隔离开关在接合过程中引起电弧而烧伤触头，或者用力不当使接触位置不正，引起触头压力降低，致使隔离开关接触不良而导致发热；隔离开关过负荷时，亦会造成发热。

隔离开关发生接触部分过热时，应将过热的隔离开关减轻其负荷或退出运行。停电检修时测量接触电阻和接触压力是否符合标准。如果因重要用户暂时不能停电时，应加装临时风扇等对隔离开关进行吹风冷却，以降低其温度，机电工务员应加强监视。

(2) 隔离开关活动：

①隔离开关拉不开，可能是由于冰雪冻结或传动机构和刀口的转轴处生锈等原因造成的，这时应该轻轻摇动，注意支持瓷瓶及机构的每个部分，根据它们的变形和变位，找出故障地点。如果障碍地点发生在隔离开关的接触部分，则不应强行拉开，否则支持瓷瓶可能受破坏而引起严重事故，只有将隔离开关退出运行时，停电进行检修。

②隔离开关合不上。轴销脱落，楔栓退出，铸铁断裂等机械故障或电气回路故障，均可能发生刀杆和操作机构脱节，从而引起隔离开关合不上的故障。此时，应用绝缘棒进行操作或保证人身安全的情况下，用扳手转动每相隔离开关的转轴。

(3) 隔离开关自动掉落合闸。隔离开关在断开位置时，若操作机构的闭锁装置失灵，如弹簧销的弹力减弱，销子行程太短等，再遇到撞击或振动时，则机械闭锁销子滑出，造成隔离开关自动掉落合闸事故。

d. 互感器的运行故障及处理

电压互感器在额定容量下可以长期运行，但在任何情况下不允许超过最大容量运行，然而可以在工作电压超过额定值 10% 情况下长期运行。电压互感器在正常情况时，接近于空载，它的负荷电流接近磁化电流。电压互感器在正常运行中，不许有短路现象，若出现短路时，则阻抗很小，通过的电流增大，造成熔断器熔断，影响表针指示及引起保护装置误动作，如果熔断器容量选择过大，则极易损坏电压互感器。

□ 电压互感器投入运行前的准备工作

(1) 测量电压与互感器的绝缘电阻。

(2) 测量相与相间的电压。

(3) 进行定相，确定相应的正确性，若不同相，则产生下列后果：

①破坏同期的正确性；

②倒闸母线时，两台电压互感器会短时并列，并会产生很大的环流，使熔断器熔断，造成保护装置电源中断，严重时会烧坏电压互感器。

□ 电压互感器的检查和维护

(1) 检查环氧树脂套管状态，应清洁，完整无损，无放电痕迹和电晕声音。

（2）运行中内部声音应正常，无放电及剧烈振动声。特别当线路接地时，应注意接地监视装置的电压互感器声音是否正常和有无异味。

（3）一次侧导线接头应不过热，二次侧导线不应有腐蚀和损伤，一、二次侧熔断器应完好，不应有短路现象。

（4）电压表的三相指示应正确，相对地电压应正常，电压互感器不应超负荷。

（5）二次侧接地线应牢固、良好。

□ 电压互感器回路断线故障

（1）电压互感器一、二次侧熔器一相熔断。

当该系统发生单相接地，或电压互感器一次侧熔断器一相熔断时，都可能发出接地信号，并且绝缘监视电压表的指示有变化。为避免运行人员误判断，应切换一下绝缘监视装置电压表的相、线电压，以便作出正确判断。以 C 相故障为例，各相、线电压的变化如表 6—5 所示。

表 6—5　C 相接地和 C 相高压熔断器熔断的区别

故 障 性 质	相　　别					
	A	B	C	AB	BC	CA
C 相接地	线电压	线电压	零	正常	正静	正常
C 相高压熔断器熔断	相电压	相电压	降低很多	正常	降低	降低

①电压互感器二次侧熔断器熔断一相的现象如下：

○ 熔断的一相指示值变小，为正常电压的 37.9％～44.2％。

○ 另外两相基本维持电压。也可能由于电压互感器回路接头动、断线或电压切换回路接触不良而造成相同现象。

②电压互感器一、二次侧熔断器熔断时，机电工务员应进行下列处理：

○ 若一次侧熔断器熔断，应断开电压互感器出口隔离开关，取下一次侧熔断器，并进行更换。

○ 若二次侧熔断器熔断时，应立即更换，如果再次熔断，则不应再调换，应查明原因。

在调换一、二次侧熔断器时，应做好安全措施，保证人身安全，解除自动装置，防止继电保护误动作等。

（2）电压互感器一、二次侧熔断器两相熔断的分析。

①一次侧熔断器熔断两相。一次侧熔断器熔断两相时，熔断的两相电压很小，仅为正常相电压的 26％以下或接近于零；未熔断一相的相电压接近于正常相电压。

熔断器熔断两相的电压分析如下：

电压互感器二次侧负荷一般为继电器、电度表及电压表等电压线圈，它们均接于线电压上，可用一个接成三角形等效负荷来代替，如图 6－4 所示。图中 XL_1、XL_1、XL_1 为负载线圈的等值电抗，一般是不对称的。如果 A、B 相一次侧熔断器熔断，则 A、B 两相断开，于是 A、B 两相线圈中无电流，仅 C 相线圈中有电流 I_c 流过。在中性点不接地系统中，该电压互感器的 C 相电流入地后，经该系统另两相对地电容电流的途径，构成回路。如图 6－5 所示。对地电容是和电压互感器一次线圈并联的。此时，C 相的一次电流在铁心柱里产生的磁通，可经 A、B 相铁心柱及两个边柱闭合，故能在该两相一、二次线圈内感应出时大时小的电势来，有时很小，可能接近于零。在图 6－5 所示的情况下，C 相二次线圈有正常的感应电势，A、B 两相二次线圈受 C 相磁通影响而产生较小的电势。由于低压侧回路是完整的，故 a、b 两相的二次线圈内流过电流，产生一个较小的电压 U_a、U_b，即相电压。当 B、C 相或 C、A 相一次侧熔断时，其各电压指示值的分析与此类似。其故障现象如下：

○ 熔断器断开两相间的线电压为零；

○ 其他两个线电压力为正常线电压的 50％左右。

如图 6－4 所示，当 A、B 相断开时，用电压表在二次侧测 U_{ab}，此时，受 c 相磁通影响的 a、b 两相的感应电势是相同的，故 s 点和 b 点电位相同，U_{ab} 为零，因而熔断器断开的两相间的线电压为零。当电压表测得 U_{bc} 时，b、c 点间的电压应为该两相的电势之和，由于 b 相电势很小，可认为是 c 相电势减去电压降，其值比相电压还小，仅为正常线电压的 50％左右。同理，其他两相断线也与此相同。

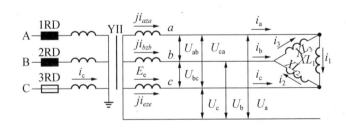

图6－4　高压侧断两相时的相、线电压情况分析图

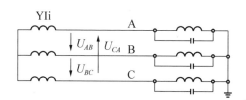

图 6－5　电压互感器的熔断器断相等值电路图

电压互感器一次侧熔断器熔断的原因有：

○ 当自动塞线路上的发生单相间歇电弧接地时，产生过电压，此过电压值为正常相电压的 3～3.5 倍，使电压互感器的铁心饱和，励磁电流增加十几倍，引起一次侧熔断器熔断。

○ 铁磁共振。当自动闭塞线路上的电容与电压互感器的电感产生铁磁共振时，产生过电压，使电压互感器的励磁电流增加十几倍，引起高压侧熔断器熔断。

○ 电压互感器本身内部相间短路或单相接地故障。

○ 二次侧发生短路，而二次侧熔断器未熔断时，也可能造成高压侧熔断器熔断。

②二次侧熔断器熔断两相。当熔断器熔断两相时熔断的两相电压降低很多，为正常相电压的 37.9%～44.2%，未断的一相相压正常。

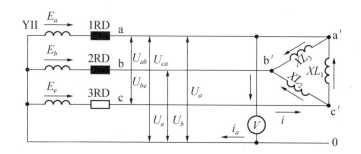

图 6－6　低压侧熔断器熔断两相时，相、线电压情况分析图

如图 6－6 所示，若 a、b 两相熔断器熔断时，则用万用表测得相电压 u。基本正常。而 a 相对零的电压 u。不是真正的电压，它是 c 相的感应电压。电压表一端接于零线，另一端 a′ 串联一个 x_3、x_2 和 x_1 串、并联而成的感抗至 c 相，所以这时量出来的电压比正常相电压低很多，但并不是为零。b 相的电压 U_b 与 U_a 相似。

下面再分析线电压的情况：在没有接相电压负载时，所测的线电压全部为零。当 a、b 两相熔断时，若没有一端接到零线的负载，由 c 相引出的各个线路末端均断开，电流不通，各点间电位相同，所测电压即为零。

□ 电压互器二次回路短路故障

（1）故障原因。
①由于制造厂质量不好引起电压互感器内部的金属性短路。
②由于二次线圈受潮，绝缘破坏，或外来硬伤造成短路。
（2）故障现象。电压互感器内部有异音，仪表指示不正确及引起保护误动作，严重时会烧坏电压互感器。
（3）故障处理。变配电所配电值班员如发现上述情况，应首先切除自动装置，防止误动作，并采取措施使电压互感器退出运行，进行检修。

□ 电压互感器单相接地故障

电压互感器是由二次线圈的开口三角形中反应零序电压的，零序电压 U_0 等于三相电压的向量和的 $1/3$，即 $U_0 = 1/3 (U_A + U_B + U_C)$。在正常情况下，电力系统三相电压 U_A、U_B、U_C 是对称的，所以零序电压极小。当自动闭塞线路发生单相接地时，故障相压为零，非故障二相电压为 $\sqrt{3}$ 倍的相电压，这将影响电压互感器的绝缘，如果运行时间超过四小时，就可能将绝缘击穿，造成短路故障。所以，机电工务员发现单相接地，应立即查找，迅速处理，并向主管汇报。

□ 电压互感器的停用

（1）电压互感一、二次侧熔断器连续熔断二、三次者。
（2）电压互感器因层间短路或过负荷而发热过高；甚至冒烟起火者。
（3）电压互感器内部有劈啪声或其他噪音者。
（4）线圈与外壳之间或引线与外壳之间有火花放电者。
发现上述情况，机电工务员应立即将故障的电压互感器退出运行。

□ 电压互感器二次回路故障对继电保护的影响

（1）低电压保护装置产生误动作。运行经验证明，电压互感器的二次回路中经常发生熔断器熔断，隔离开关辅助触点接触不良，二次接线端子螺丝松动等故障，使电压继电器线圈的电压消失，因此，低电压保护装置就会无压释放，产生误动作。

　　（2）同步继电器产生误动作。由于电压互感器二次回路有故障，使二次电压在数值和相位上发生畸变，因此，造成反映电压相位关系的同步继电器产生误动作。

第 7 章　机电设备的防雷与接地

你将掌握的内容

>> A　防雷保护措施

>> B　接地保护

A　防雷保护措施

自然界的雷电能产生很高的电压，这种高电压加在机电设备上时，如果预先不采取保护措施，设备的绝缘受不住这么高的电压，就会发生击穿现象。

有时雷电沿架空线路侵入变压器和发电机，使其线圈的绝缘被击坏，造成严重停电和设备的损坏事故。因而采取完善的防雷措施以减少雷害事故是很重要的。防雷的基本方法，概括起来有以下两个方面，一是使用避雷针、避雷器和避雷线等设备，把雷电引向自身泄入大地，以削弱其破坏力；二是要求各种机电设备具有一定的绝缘水平，以提高其抵抗雷电破坏的能力。两者如能恰当地结合，并根据被保护设备的具体情况，采取适当的保护措施，就可以防止或减少雷害，从而安全、可靠的进行生产。

a. 变电所的防雷保护

变电所内有很多电气设备，这些设备（如变压器或其他电气设备）的绝缘水平远比电力线路的绝缘水平低，而且变电所又是电网的枢纽，在这里如果发生了雷害事故，将会造成很大的损失，因此对变电所等应采用完善的防雷保护措施。变电所发生雷害的原因有两个方面：一方面是变电所内或靠近变电所的线路直接受雷击；另一方面是雷击线路时，从线路传来的过电压波。一般对前一种雷击的防护，叫做直击雷的防护；对后者的防护，叫做侵入雷电波的防护。

变电所对直击雷的保护，可分为两部分：一是对变电所内的保护，目前多采用避雷针来保护，二是对靠近其进线段的保护，目前多采用避雷线（称为进线保护段）来保护。避雷线的保护角，一般不应超过 20°，个别的情况下最大也不应该超过 30°。

对由线路侵入的雷电波的保护，一般是采用阀形避雷器来保护，在确定保护接线时，应充分考虑到变电所供电的重要性、变压器容量的大小及其绝缘状况，以及当地雷电活动程度等因素，选用适当的保护接线。现将具体作法分别介绍如下：

□ 装设避雷针防止直击雷

避雷针按其接地方式，分为独立避雷针和架构避雷针两种。独立避雷针的接地装置一般是独立的，不与主接地网连接，也不与电气设备作任何部分直接连接。如与接地网连接，在连接处应设集中接地，且从连接点至 35kV 及以下设备接地线入地点，沿接地体的地中距离不应小于 15m。架构避雷针是装在架构上或厂房上的，其接地装置与架构或厂房相连，因而与电气设备的外壳也连在一起。

屋内配电装置，一般不需要装设直击雷保护装置，因为这些建筑物即使遭受雷击，也不会严重破坏，从而因为建筑物对其内部电气设备起到了直击雷的保护作用。在 35kV 屋外配电装置架构上或房屋顶上，不宜装设避雷针，因其绝缘水平太低，容易造成反击事故。

（1）避雷针的作用及构造。避雷针是用来防护电气设备和比较高大的建筑物，避免遭受直击雷的装置。避雷针实际是起引雷的作用，它高立于空间，为雷电准备了一条放电的通路。当有雷电时，可以通过避雷针这条通路把雷电流泄入大地，因为雷电通常总是容易向突出的高耸物体，特别是金属物体放电，所以在适当位置装设适当高度的避雷针，就可以把雷电引向自身，从而避免雷击电气设备和建筑物。它的保护效能通常是用一个空间范围来表示，这个空间称为"保护范围"。如被保护设备正处于这个空间内，就能达到相当可靠的保护。

避雷针是由接闪器（避雷针的针尖）、支持物和接地装置三部分组成。接闪器可用一直径为 10～12mm、长为 1～2m 的圆钢，或用顶部打扁并焊接封口的钢管制成，用来起接引雷电的作用。接闪器可安装在钢筋混凝土杆、木杆和用角钢或圆钢焊接而成的金属杆上。用接地线将接闪器与接地体相连，接地线一般采用截面不小于 35mm² 的镀锌圆钢、扁钢或镀锌钢绞线。当采用钢筋混凝土杆时，可利用其钢筋作接地线；若用金属杆时，则利用金属杆本身作接地而不需另设接地线。接地线引至接地体应短而直，避免转弯和穿越铁管等闭合结构，以便减少其电感。

（2）避雷针保护范围的计算方法。避雷针的保护范围与其安装高度有关，安装的高度越高，保护范围越大。其简单计算如下：

对于单支避雷针：高度为 h 的单支避雷针保护范围，如图 7—1 所示，避雷针在地面上的保护半径，r＝1.5h，而在被保护物 xx′ 平面上的保护半径由下式确定：

当 $h_x \geq \frac{1}{2}h$ 时，$r_x = h - h_x$；

当 $h_x < \frac{1}{2}h$ 时，$r_x = 1.5h - 2h_x$；

当 $h > 30m$ 时，按上式求得的结果须乘以乘数 $p = \frac{5.5}{\sqrt{h}}$（以下所引用的 p 值

相同）。

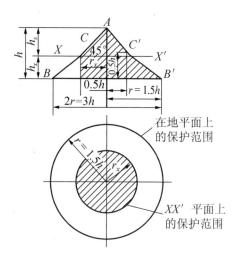

h. 避雷针的高度，m；h_x. 被保护建筑物的高度，m；
h_x. 避雷针的有效高度，m；r_x. 避雷针在 XX′ 平面对面的保护半径，m；
r. 避雷针在地面上的保护半径，m

图 7—1　单支避雷针保护范围

对于双支等高避雷针：距离为 a，高度相同的双方避雷针保护范围如图 7—2 所示。两针外侧保护范围按单支避雷针来决定；两针内侧保护范围的截面，由通过两针顶点 A 和 A′ 及中点 0 的圆弧来决定。针间保护范围的最小高度 h_0 由下式确定：

$$h_0 = h - \frac{a}{7}$$

式中：a——避雷针间的距离，m。

两针间，在 XX′ 平面上的最小保护半径 r_{ox} 由下式确定：

$$r_{ox} = 1.5 \ (h_0 - h_x)$$

当 h＞30m 时，按上式所求得的结果须乘以乘数 p。

（3）避雷针的安装要求。选择独立避雷针装设地点时，避雷针及其接地装置与配电装置之间应保持以下规定距离：

在地上，从独立避雷针到配电装置的导电部分间，以及到变电所电气设备与接地部分间的空气距离一般不小于 5m；在地下，从独立避雷针本身的接地装置与变电所接地网间最近的地中距离一般不小于 3m；独立避雷针的工频接地电阻，一般不应大于 10Ω。

（4）装设避雷针的注意事项有以下几点：

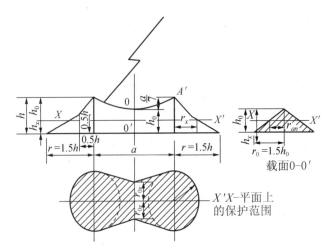

h_0. 针间保护范围的最小高度，m；

r_0. 针间保护范围在平面上的最小半径，m；

r_{0x}. 针间保护范围在XX' 平面上的最小半径，m

图7—2　双支等高避雷针的保护范围

从避雷的接地线的入地点到主变压器接地线的入地点，沿接地网接地体的距离不应小于15m，以防避雷针放电时，反击击穿变压器的低压侧线圈。

为防止雷击避雷针时，雷电沿电线传入室内，危及人身安全，照明线或电话线不要架设在避雷针上。

独立避雷针及其接地装置，不应装设在人畜经常通行的地方，并应距离道路不小于3m，否则应采取均压措施，或铺设厚度为50～80mm的沥青加碎石层。

□ 对线路侵入雷电波的保护

为防止变电所的电气设备不受由线路侵入雷电波的损害，主要依靠阀形避雷器来保护。但阀形避雷器有两个局限性：一是侵入雷电流的峰值不能太高；二是侵入雷电流的陡度（上升速度）不能太大。否则，会影响阀形避雷器的保护效果，因此需要采取限制峰值和陡度的措施。限制峰值的有效办法，是在进线段上安装管形避雷器（或保护间隙），当其接地电阻大于5～10Ω 时，管形避雷器可将大部分雷电流泄掉。限制陡度，通常是利用雷电波沿线路的衰减作用，就是当进线保护段选得足够长时，陡度即可衰减到允许的程度。

b. 配电设备的保护

□ 配电变压器及柱上油开关的保护

3～35kV 配电变压器一般采用阀形避雷器保护。避雷器应装在高压熔断器的后面（如为重合式断路器，则可装在备用熔件的后面）。在缺少阀形避雷器时，可用角形间隙保护，这时应尽可能采用自动重合熔断器。

为了提高保护的效果，保护设备应尽可能地靠近变压器安装。避雷器或保护间隙的接地线应与变压器的外壳及低压侧中性点连在一起后共同接地，如图 7—3 所示。其接地电阻值为：对 100kV·A 及以上的变压器，应不大于 4n；对小于 100kV－A 的变压器，应不大于 10Ω。

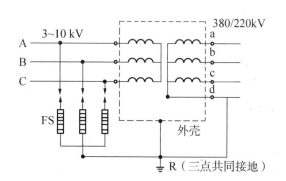

图 7—3　配电变压器的保护接线

为了防止避雷器流过冲击电流时，在接地电阻上产生的电压降沿低压零线侵入用户，应在变压器两侧相邻电杆上将低压零线进行重复接地。

柱上油开关可采用阀形避雷器或管形避雷器来保护。对经常闭路运行的柱上油开关，可只在电源侧安装避雷器；对经常开路运行的柱上油开关，则应在其两侧都安装避雷器。避雷器应尽可能靠近开关安装，其接地线应和开关的外壳连在一起共同接地，其接地电阻一般不应大于 10Ω。

□ 低压线路的保护

低压线路的保护，是将靠近建筑物的一根电杆上的绝缘子铁脚接地。这样当雷击低压线路时，就可向绝缘子铁脚放电，把雷电流泄入大地，起到保护作用。其接地电阻一般不应大于 30Ω。

B 接地保护

在生产企业中，为了保证人的生命安全和机电系统的正常运行，需要将机电设备不带电的金属外壳或过电压保护装置用的导线与接地体之间作良好的电气连接，称为接地，直接与大地接触的金属导体称为接地体。连接机电设备接地部分与接地体的导线就是接地线。接地线和接地体总称为接地装置。

机电设备的带电部分，偶尔与其结构部分或直接与大地发生的电气连接称为接地短路。电器和线路的带电部分，由于绝缘损坏而与其接地机构部分发生的连接称为碰壳短路。当发生接地短路或碰壳短路时，经接地短路点流入地中的电流，称为接地短路电流或接地电流。

机电设备的接地部分，如接地外壳、接地线和接地体等，与大地零电位点（在距接地体或接地处 20m 以外的地方）之间的电位差，称为接地时的对地电压。

接地体的对地电阻和接地线电阻的总和，称为接地装置的接地电阻。接地体的对地电阻为对地电压与通过接地体流入地中的电流的比值。

在接地电流回路上，一人同时触及的两点间所呈出的电位差，称为接触电压。离接地体处或碰地处越近，接触电压越小，离接地体处或碰地处越远则接触电压越大。在离接地体处或碰地处约 20m 以外的地方，接触电压最大，可达机电设备的对地电压。

当机电设备碰壳短路和电力线路接地短路时，就有电流通过接地体流入地中，而在地面上出现不同的电位分布，当人的两脚（一般取人的跨距为 0.8m）站在这种带有不同电位的地面上时，两脚间出现的电位差，称为跨步电压。

为了保证机电设备的可靠运行，在电气回路中某一点进行接地，称为工作接地。如低压线路中的中性点，避雷器和避雷针的接地。

将机电设备上与带电部分绝缘的金属外壳同接地体相连接，这样可以防止因绝缘损坏而遭受触电的危险，这种保护工作人员的接地措施，称为保护接地。如变压器的电机的外壳接地，以及仪表互感器二次线圈的接地、机床的金属结构接地等都属于保护接地。

直接或经过小阻抗与接地装置连接的变压器和发电机的中性点，称为直接接地的中性点。

不与接地装置连接，或经过消弧线圈、电压互感器以及高电阻等与接地装置连接的中性点，称为非直接接地的中性点。

发电机和变压器的中性点直接接地时，该点称为零点。由中性点引出的导线，称为中性线。由零点引出的导线，称为零线。

将机电设备上与带电部分绝缘的金属外壳与零线相接，称为接零。将零线上的一点或多点与地再次连接，称为重复接地。

a. 接地的作用与要求

□ 各种接地的作用

接地的作用有两个：一个是为了安全，防止因机电设备绝缘损坏时而遭受触电的危险，如电气设备的保护接地、接零和重复接地等；另一个是为了保证机电设备的正常运行，如机电设备的工作接地。现将各种接地的作用分述如下：

（1）保护接地的作用。为了保证机电设备（包括变压器电机和配电装置等）在运行、维护和检修时对人身的安全，所有这些电气设备不带电部分如外壳、金属构架和操作机构等都应妥善地接地。这样，使电气设备不带电部分和大地保持相同的电位（大地的电位在正常时等于零）。如果该机电设备一旦因绝缘损坏或感应而带电，则电流可以经过接地线、接地体而流到大地中去，不致使接地的机电设备产生危险电压，从而保护人身的安全。

（2）接零的作用，接于 380V/220V 或 220V/127V 三相四线制系统中的机电设备，可以采用接零的方法，即将机电设备在正常情况下不带电的金属外壳与零线相连接。实行这种连接后，当发生碰壳短路时，短路电流经零线而成闭合回路，将碰壳短路变成单相短路，使保护设备（自动开关或熔断器）可靠地迅速动作而切断故障设备，从而避免人身遭受触电的危险。

在中性点未接地系统中，采用接零保护是绝对不允许的。因为系统中的任何一点接地或碰壳时，都会使所有接在零线上的机电设备金属外壳上呈现出近于相电压的电压。另外，当零线发生断线时，在一定程度上保证人们与断线处后面的机电设备接触时的安全。例如，当零线断线和 B 段上发生碰壳短路时，重复接地就能保证该段上所有接零的部分经过电阻 R 与大地相连，如图 7−4 所示。

□ 一般要求

（1）为保证人身安全，所有的机电设备，都应装设接地装置，并将电气设备外壳接地。装设接地装置时，首先应利用与地有可靠连接的各种金属结构、管道

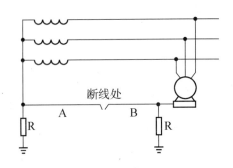

图 7—4　有重复接地时零线的断线情况

和设备作为接地体（但输送易燃易爆物的金属管道除外），这种接地体称为自然接地体。如果这些接地体的电阻能满足要求时，可不再装设人工接地体（发电厂、变电所的接地装置除外）。

（2）当没有特殊要求时，各种不同用途和不同电压的机电设备，为了节省金属，应使用一个总的接地装置。接地装置的接地电阻，应满足其中接地电阻最小值的要求。

（3）如做接地装置有困难时，允许用绝缘台进行机电设备的维修，但此时只能站在台上方可触及有危险的未接地部分，并应防止同时和机电设备未接地部分及与地有连接的建筑物相接触。

（4）在电压为 1kV 以下的中性点直接接地的线路中，当接地短路时，应保证以最短的时间自动断开故障点。

在直接接地的线路中，电气设备的外壳一般应与零线相连接，即采用接零保护。

（5）电压为 1kV 以下的交电流电气设备，允许中性点直接接地或不接地。

在三相四线制交流电网中，一定要用直接接地的中性线。

（6）机电设备的人工接地体（铁管、扁钢和圆钢等）应尽可能使在机电设备所在地点附近对地电压分配均匀。大接地短路电流系统，一定要装设环形的接地体，并加装均压带。

（7）接地装置的电阻，应一年四季中，均能达到规定的标准。

（8）1kV 以下中性点接地的架空线路，在下述地点，都应做重复接地：进入的人口附近；长度超过 200m 的分支线路的终端处；直线段每隔 1km 的地方。

（9）人工接地体不宜装设在车间内，最好离开车间的门及通往车间的人行道 5m，不得小于 2.5m，以减少跨步电压。

b. 机电设备的接地及接地电阻

□ 机电设备的接地范围

机电设备的金属部分，如发生绝缘损坏，可能带有危险电压，因此应进行接地或接零。应当接地或接零的机电设备如下：

（1）电机、变压器、电器、照明设备机床等的底座和外壳。

（2）机电设备的传动装置。

（3）互感器的二次线圈（继电保护另有规定者除外）。

（4）配电盘与控制台的框架。

（5）室内外配电装置的金属和钢筋混凝土架构以及临近带电部分的金属遮拦和金属门。

（6）交直流电力电缆终端盒的金属外壳和电缆的金属外皮，布线的钢管等。

（7）装有避雷线的电力线路电杆。

（8）安装在配电线路电杆上的机电设备（柱上油开关、电容器等）的金属外壳。

（9）避雷器、保护间隙、避雷针和耦合电容器底座。

（10）控制电缆的金属外皮。

□ 机电设备的不需要接地范围

（1）在不良导电地面（如木质的、沥青的地面等）的干燥房间内，当交流额定电压为 380V 及以下和直流额定电压 400V 及以下时，机电设备金属外壳不需接地（有爆炸危险场所除外）。但当维修人员因某种原因同时可触及到其他机电设备的已接地的其他物料时，则仍应接地。

（2）在干燥地方，当交流额定电压为 127V 及以下和直流额定电压为 110V 及以下时，电气装置不需要接地，但有爆炸危险的设备除外。

（3）电力线路的木质电杆的悬式和针式绝缘子的金属器具（在污秽地区除外）以及照明灯具。

（4）安装在控制盘、配电柜及配电装置间隔墙壁上的电气测量仪表，继电器和其他低压电器的外壳，以及当发生绝缘损坏时，在支持物上不会引起危险电压的绝缘子金属附件。

（5）安装在已接地的金属架构上的设备（如套管等），及金属外皮两端已接地的电力电缆的架构。

（6）电压为220V及以下蓄电池室内的金属框架。

（7）发电厂和变电所区域内的钢道。

（8）如电气设备与机床的机座之间能保证可靠地接触，可将机床的机座接地，机床上的电动机和电器便不必接地。

（9）在一定的高度以上，人不能接触到的地方，工作时需用木梯进行操作的设备。

（10）用绝缘台进行工作的电气设备。

c. 接地装置的安装

□ 接地装置的接地体

应尽量利用自然接地体，以便节约钢材。机电设备的接地装置，可以用作自然接地体的有以下几种：

（1）敷设在地下的所有各种用途的金属管道（自来水管、下水管道、热力管等），但是液体燃料和爆炸性气体的金属管道以及包有黄麻、沥青层等绝缘物的金属管道除外。

（2）建筑物、构筑物与地连接的金属结构。

（3）木工构造物的金属桩。

（4）有金属外皮的电缆（包有黄麻、沥青层等绝缘物的除外）。

（5）钢筋混凝土建筑物、构筑物的基础。

利用自然接地体时，应采用不少于两根的导体在不同地点与接地干线相连接。

如果利用自然接地体能满足接地电阻的要求值时，则可不另设人工接地体（但发电厂、变电所的接地装置除外）。否则，应采用人工接地体。

□ 人工接地体

人工接地体可采用下述钢材：

（1）垂直埋入的钢管、角钢或圆钢等。垂直的接地体一般均应用打入的方法埋入地下。

角钢接地体一般为40mm×40mm×4mm或50mm×50mm×5mm角钢，长2.5m，端部稍尖，以便打入土中。

管形接地体一般采用直径 50mm、管壁厚不小于 3.5mm、长 2.5m 的钢管，一端打扁或削成尖形。对于较坚实的土壤，还应加装接地体管帽，在将接地体打入土中后即可取下管帽，放在另一接地体端部，再打入土中，可重复使用。对于特别坚实的土壤，接地体还要加装管头，管头打入地中不能再取出，因此管头的数目应和接地体的数目一样。

（2）水平埋设的扁钢或圆钢等。扁钢的厚度不应小于 4mm，截面不应小于 $48mm^2$。圆钢的直径不应小于 8mm。

如果接地体安装在有强烈腐蚀性的土壤中时，接地体应镀锡、镀锌或适当加大截面。

当埋设接地体时，先挖一地沟，然后将接地体打入地中。接地体端部应露出沟底 100～200mm，以便连接接地线。

□ 接地线

接地线应尽量利用以下设备：

（1）建筑物的金属结构（如梁和柱子等）。利用建筑物的金属结构作为接地线的主要要求是保证成为连续的导体。因此，除了在结合处采用焊接的以外，凡是用螺栓连接或铆钉连接的地方，都要采用跨接线连接。跨接线一般采用扁钢，作为接地干线的，其截面积不应小于 $10mm^2$，作为接地支线的，不应小于 $48mm^2$。

（2）生产用的金属结构（如吊车轨道、配电装置的构架、起重机、升降机等结构）。在工业企业里，很多车间都有吊车，吊车轨道是最好的接地线。尤其在接零系统中，由于吊车轨道的截面积较大，其阻抗相应较小，几乎在所有的情况下作为接零线都是符合要求的。

（3）配线的钢管。配线用的钢管作为接地线时，其管壁厚度不应小于 1.5mm，以免产生锈蚀而成为不连接的导体。在管接头和接线盒处，都要采用跨接线连接，钢管直径为 40mm 及以下时，跨接线应采用 6mm 圆钢；钢管直径为 50mm 以上时，跨接线应采用 25mm×4mm 的扁钢，其装配方法如图 7－5 所示。

（4）电缆的铅、铝包皮。利用电缆的铅包皮作为接地线时，接地线卡箍的内部须垫以 2mm 厚的铅带，电缆钢铠与接地线卡箍相接触的部分均需刮擦干净，以保证两者接触可靠，如图 7－6 所示。卡箍、螺栓、螺母及垫圈均须镀锌。卡箍安装完毕后，将裸露的钢铠缠以沥青黄麻，外包黑胶布带。

（5）利用金属管道。电压力 1000V 以下电气设备，可利用一切用途的金属管道，如上、下水管道和暖气管道等，但可燃液体和可燃或爆炸性气体的管道除外。如果利用上述导体能够满足规定要求时。可以不必另设接地线。

钢接地体和接地线的尺寸不应小于表7—1的规定。

禁止在地下利用裸铝导体作为接地体。

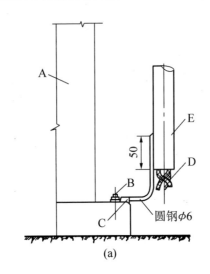

(a)

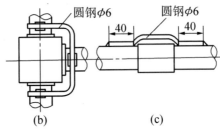

(b)   (c)

(a) 明配钢管与用电设备连接；(b) 接线盒的跨接线；(c) 管接头的跨接线
A. 用电设备；B. 接地螺栓；C. 接线端；D. 导线；E. 电线管

图7—5 配线钢管作接地线的连接

表7—1 钢接地体和接地线的最小尺寸

名　称		建筑物内	屋　外	地　下
圆钢直径，mm		5.0	6.0	8.0
扁钢	截面，mm²	24	48	48
	厚度，mm²	3.0	4.0	4.0
角钢厚度，mm		2.0	2.5	4.0
钢管管壁厚度，mm		2.5	2.5	3.5

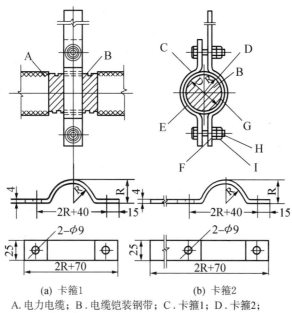

(a) 卡箍1　　　　　　(b) 卡箍2

A.电力电缆；B.电缆铠装钢带；C.卡箍1；D.卡箍2；
E.电力电缆；F垫圈；G.铅垫；H.螺栓；I.螺母

图 7-6　利用电缆铅包皮作为接地线的装设

□ 人工接地线

为了连接可靠并有一定的机械强度，一般采用扁钢或圆钢作为人工接地线。只有当采用钢导体在安装上有困难以及对移动式机电设备等不可能采用钢导体时，才采用有色金属作为人工接地线。

当采用人工接地线时，应考虑以下几个问题：

（1）为了防止机械损坏以及接地线在安装或运行过程中发生断裂现象，并且还要考虑到锈蚀的情况，接地线必须有足够大的尺寸。其最小尺寸如表 7-1 所示。

（2）接地线应敷设在易于检查的地方。

（3）从接地干线引到机电设备的接地支线的距离越短越好。

（4）接地线与电缆或其他电线交叉的地方，其间隔至少要有 25mm 的距离。

（5）接地线与管道、铁路等交叉的地方，以及接地线可能受到机械损伤的地方，都应装设保护装置，一般可套上钢管保护。

（6）接地线跨越有振动的地方，如铁路轨道时，接地线应略加弯曲，以便在振动时有伸缩的余地，以免断裂。

（7）接地线跨越建筑物的沉降缝时，为了防止由于建筑物沉降不均等情况造成接地线断裂，应采用补偿装置。一种方法是接地线在沉降缝处稍微弯曲，如图7－7（a），以补偿伸缩的影响；另一种方法是连接线连接，如图7－7（b）所示。

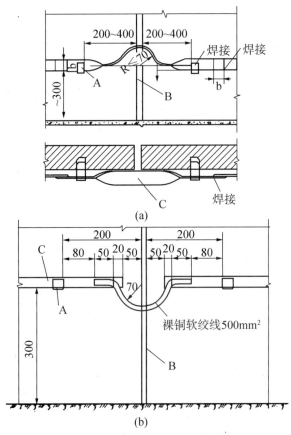

(a) 将接地线弯曲；(b) 用连接线；
A. 支板；C. 沉降缝；C. 接地线

图 7－7　接地线跨越沉降缝的安装

（8）接地线的支架应根据下列要求安装：

当接地线直接敷设时，支架间的距离应在 500～1000mm 之间；

当接地线转弯敷设时，在距转角处 100mm 以内的地方应设有支架；

在引出接地支线处 100mm 以内的地方应设有支架；

当接地线在电缆沟中敷设时，支架应设在距电缆沟盖板下面不小于 50mm 的地方；

接地线的支架与地面的距离应在 300~800mm 之间。

（9）接地干线沿墙敷设时，与墙应有一定距离，以便维护与检查，同时避免因距离太近容易接触水汽而造成锈蚀现象。在潮湿和有腐蚀性的建筑物内其距离至少为 10mm；在一般建筑物内则至少应为 5mm。

（10）接地线穿过墙壁时，可先在墙上留洞或预埋钢管，钢管伸出墙壁至少10mm。接地线放入墙洞或钢管内后，在墙洞或钢管两端须用沥青棉纱封严。

当接地线穿过楼板时，也必须装设钢管。钢管伸出楼板上面至少 30mm，伸出楼板下面至少 100mm。钢管两端须用沥青棉纱封严。

（11）接地线跨越门时，应将接地线埋入门口的地中，或将接地线从门的上方通过。

（12）接地线由建筑物内引出时，既可由室内地坪下引出，也可由室内地坪上引出。

（13）接地线连接时一般采用焊接。采用扁钢在室外或土壤中敷设时，焊缝长度为扁钢宽度的 2 倍；在室内明敷时，焊缝长度可等于扁钢宽度；当采用圆钢时，焊缝长度应为圆钢直径的 6 倍。

☐ 接地体的形式

接地体的形式很多，但常用的一般有以下几种：

（1）水平射线型。如图 7-8（a），一般是把一根或数根带状（扁钢或圆钢）接地体水平放置埋入地下，埋深应不小于 0.5m。它主要用在土壤电阻率较好的地方。

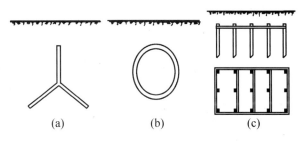

(a) 水平放射线型接地体；(b) 环形接地体；(c) 混合型接地体；

图 7-8　接地体的形式

（2）环型。如图 7-8（b），由扁钢或圆钢连接成环型，水平放置，埋深应不小于 0.7m。

（3）混合型。如图 7-8（c），它由多根垂接地体（角钢、钢管等）与带状水平接地体混合组合。这种接地体一般打入地中 3～4m。由于埋入地中较深，不易受到外界环境（如温度、湿度等）的影响，它的接地电阻值比较稳定，因此是比较经常应用的一种接地形式。

第 8 章　小型机电设备的安装与维护

你将掌握的内容

>> A　通风机的安装与维护

>> B　除尘设备的维护

>> C　空气压缩机的安装和维护

A　通风机的安装与维护

a. 通风机的安装

☐ 新通风机的检查

当新通风机到货后，机电工务员应立即对通风机及其辅助设备进行一次彻底的检查，此时应注意以下几个方面：

（1）新到通风机是否在各方面都完整无误。

（2）检查通风机是否有完整的总装说明书及简明装配说明书。

（3）是否有由于运输或制造过程中粗心大意而造成的机械损坏。如通风机是具有特殊保护涂层时，很多涂层是不能修补得满意的，甚至有一点轻微的破断都可能造成涂层毫无价值。

☐ 基础和安装

为通风机以及任何传动部件提供一刚性好的重型水平基础是完全必要的。推荐用混凝土浇灌。通常采用的经验守则为基础的重量应至少为通风机和传动部件总重量的三倍。使用 L 型或 T 型螺栓，外套管子或金属套筒，大小要有足够调整的空隙。在估计螺栓的长度时要留 1 英寸胶泥和垫片的厚度，再加通风机底座、垫圈、螺母和紧螺母需要的额外螺纹长度。

在需要使用结构钢架基础时，必须要平和有足够的刚性以确保永久对准而不致变形。设计的强度必须要不仅能承受设备的重量，而且还要能承受旋转件离心力所施加的载荷而挠曲变形仍最小。整个结构应焊接或铆接起来。

安装在底楼之上的通风机，如果可能，应安装在一坚固的墙或重型的柱上。当必须使用架空平台时，平台必须坚固、水平，并在所有方向都要拉紧。

b. 通风机的维修

□ 高温工作条件下的冷却方法

（1）喷雾冷却。用水喷雾冷却空气是很有效的。有时还具有大大减少通风机容积和尺寸的附加优点。

（2）稀释冷却。在通风机吸入端渗进冷空气以产生一种温度较低的混合物。冷空气的引入方式必须能为在通风机上产生温度相当均匀的混合物提供足够的时间和搅动。它不如喷雾冷却的效率高，但在只需要中等冷却量的场合却常可使用。

（3）空气对空气的热交换器。用这种方法的可能性变化比较复杂。需要仔细分析之后才能确定其是否可行。有时，可以回收废热用于空间采暖或一些别的处理过程。所有这类方法都增加系统的阻力，从而增加通风机消耗的功率。

最基本的方法系利用通风机吸入端管道的长期运转，依靠通过管壁的热的传导和自然的对流使热量从气流传递至大气中。管道可制成带连续弯曲的蛇形以增加搅动和长度。进一步的改善还包括增加冷却鳍片或冷却鳍片结合辅助鼓风冷却以提高热传导率。

最后，为此目的制造专用装置，与用于大型蒸气发生设备中的再生或空气预热器相类似。这种装置可算是最有效的冷却器和最适合于废热的回收利用。

刮水冷管道。此法有时用于排气温度极高的场合，例如，电弧熔钢炉。管道的一段和集流罩，或这二者都可装置水套并用循环系统或废水进行冷却。在非常大型的装置中，采用废热锅炉的或其他流程的热水是切实可行的。

如可能，在温度显然高出正常的情况下，不要使用电机或轴暴露于气流中的通风机。在这种情况下不能避免时，应采用具有特殊绝热装置的电机，这种电机可在电机运转总温度最高达到356℉时还能满意地工作。

□ 通风机的一般性检查

（1）轴承。适当选择和安装好的任何类型的良好轴承，只要防护其天敌，即可长期满意地使用。这类天敌包括：

①过少或过多的润滑；

②错误型号的润滑剂；

③尘土、潮湿和腐蚀性的大气；

④从邻近热源所辐射或传导来的热；

⑤过高的环境温度；

⑥由于不适当的 V 形皮带张力、安装未对准、风扇叶轮不平衡，或由其他来源传递的振动等而施加的过载荷；

⑦以超出设计的转速转动通风机。

（2）联轴器。安装未对正可能是联轴器过早损坏的主要原因。如果保持良好的对准和对那些需要润滑的定时提供正确的润滑，则良好的联轴器就能够很长时间提供满意的使用。严格遵照联轴器制造厂家的建议。在工作温度下与风扇和传动装置保持尽可能最佳的对正这是很主要的，特别是在高温通风机上或传动装置为汽轮机或大型电动机的场合尤其如此。

如电动机具有滑动轴承，则转轴将可能有相当的轴向移动。风扇和电动转轴之间的适当间隙必须调定来使电机转子处于其磁心处。定位的方法是运转电机，注意转轴末端所处的正常运转位置。

（3）V 形皮带传动。参考"启动前检查"一节中关于对正和皮带张力的说明。当有必要更换复式 v 形皮带传动中的皮带时，应当选用一整套长度相当的皮带来更换。切勿用过分的力量将皮带撬到带轮上。应当松动电机使皮带易于安装。除非传动装置制造厂家有所建议，切勿使用任何皮带涂料。

（4）风扇平衡。风扇叶轮经过制造厂家进行了静平衡和动平衡。只要风扇叶轮未受损坏和保持合理的清洁，则风扇叶轮就不需要进一步的平衡。

□ 通风机的故障排除

下面列出通风机最常见的故障和可能的原因：

（1）达不到额定的容量或压力：

①整个系统的总阻力高出预期的阻力；

②转速太慢；

③节气门或可变进气叶片调节不当；

④通风机的进气或排气条件差；

⑤系统中空气漏泄；

⑥叶轮有损坏；

⑦旋转方向不正确；

⑧叶轮在轴上安装靠后。

（2）振动和噪声：

①轴承、联轴器、叶轮和 v 形皮带传动安装未对准；

②地基不稳；

③通风机内有外界异物造成不平衡；

④轴承磨损；

⑤叶轮或电机有损坏；

⑥螺栓或固定螺钉断裂或松动；

⑦轴弯；

⑧联轴器磨损；

⑨通风机叶轮或传动装置不平衡；

⑩由于电输入的原因有 120 周的电磁交流声（检查电压是否高或不平衡）；

⑪通风机送风超出额定的容量；

⑫节气门或可变进气叶片有松动；

⑬转速过高或通风机旋转方向错误；

⑭从其他来源传递至通风机的振动。

（3）轴承过热：

①滚珠轴承内润滑脂过多；

②对准不良；

③叶轮或传动装置损坏；

④轴弯；

⑤异常端部轴向推力；

⑥轴承内不清洁；

⑦皮带张紧力过大；

⑧从其他来源传导或辐射来的热。

（4）传动装置过载荷：

①转速过高①；

②排气超出容量，因为现有系统的阻力比原来额定的为低；

③气体的比重或密度超出设计数值；

④带气密箱的通风机上密封过紧或有缺陷；

⑤旋转方向错误；

⑥轴弯；

⑦对准不良；

---

① 除非最大安全转速已确实知道，否则绝不容许增大通风机转速。如有丝毫怀疑，应向制造厂家征询。

⑧叶轮楔入或卡在通风机壳体上；

⑨轴承润滑不当；

⑩电机接线不当。

B　除尘设备的维护

a. 惯性或干式离心机

□ 简单气旋式和复式离心机

由于这种装置经常被用在更有效的最后除尘器之前作为初级除尘器，因此通常要承受较大的摩擦尘粒负荷。结构坚固是主要的，有时在承受最大磨损区内要安装耐磨板或橡皮衬垫。安装和修理都借助于螺栓法兰结构。

复式离心机的排气管应当一直严格密封到总管板以防止短路。具有多叶片涡旋环给气流施加涡旋运动的离心机应当在头罩处使用一 3/4 英寸网眼的钢丝网以保护不受大的或外界物件的侵入。在每一气旋的中心用吊链有时可以防止管内的集聚。两种类型的典型维护工作将包括：

（1）定期排空储仓以避免污物再度被带走。

（2）在排尘点要避免漏泄，如系靠负压工作的装置尤应避免。

（3）对集聚和最大磨损点进行常规检查。

（4）保持空气容积均匀以保持效率恒定。头罩处或管道内的阻碍将使容积成比例降低。

□ 干燥动力式

常规维护包括：

（1）使储尘仓向后开一个孔通向集尘器。

（2）定期检查叶轮是否集聚尘土或叶片尖部的磨损。

（3）定期排空储尘仓避免已聚集的尘土再流通，否则会降低效率和造成极大的磨损。

（4）由于这种装置是通风机和除尘器的组合，应当遵循在通风机关于轴承和 v 型皮带传动部分的预防保养内容。

b. 湿式除尘器

因大多数湿式除尘器均属高效率类别，这种设备通常都能提供安全排尘，但必须进行维护以防止不适当的磨损、锈蚀和泥污集聚。锈蚀常系由于潮湿的空气造成，因此与水或气流接触的全部除尘器表面均可用防水或防锈涂层进行处理。在受到严重摩擦区使用橡胶板是比较好的。有时在内部表面形成涂层碎落现象，这应及时除去并应重新再涂防护层。周期性冲洗可以除去大部分集聚物。

□ 湿式离心式

湿式离心式除尘器的检修和维护包括：

（1）通风机在工作时要随时保证供水充足。

（2）使用循环流通水处应使用适当的澄清地以提供相当的清水。

（3）通风机关停之后应让水继续流动半小时以便充分地冲洗设备。

（4）应定期检查设备的集聚物，需要时应彻底清洁。

（5）使用喷嘴时至少每周应检查一次喷嘴是否有堵塞。

（6）检查所有集尘排出口。如排出口堵塞，会造成聚水从而降低空气容积。

□ 湿式动力式

上述湿式离心式除尘器所规定的维护要求，同样适用于湿式动力式除尘器。由于用来提供适当射模式的喷嘴类型关系，不宜使用循环流通水。因这种设备是通风机和除尘器的组合，请参阅通风机部分有关轴承和 v 型皮带的适当维护一节。

c. 喷孔式除尘器

喷孔式除尘器的检修维护内容主要包括：

（1）应当定期检查鼓动空气通过水的折流板或喷射孔是否有磨损、锈蚀和集聚物。

（2）应周期性使用高压水龙头喷射冲洗内部。

（3）应拆卸和清洁挡水板。必须适当更换，使带钩夹板对准气流方向。

（4）溢水管应经常打开以防止由集尘器内过多水所造成的空气容积的减少。

（5）应定期检查水量控制装置是否工作正常。不适当的水量将影响效率、空气容积和装置的性能。

（6）装有除去集尘的淤渣喷射器的喷孔式集尘器应当按下面淤渣沉淀池一节中相同的项目进行检查。

d. 纤维除尘器

惯用式和回送喷射式两者所应检查的常规维护项目包括：

（1）通过纤维孔尘渣的漏出。

（2）异常的磨损，如使用折流挡水板还应检查挡板是否有异常的漏洞。

（3）如使用火花屏，应检查其异常磨损。

（4）储尘仓内过分的集聚或沉积。

（5）漏泄或不能工作的排尘阀门。

（6）惯用式装置中纤维敲击机构的常规检查，以确保适当的振动或清洁作用。

（7）检查电磁阀和回送脉冲装置的二次供气是否正常工作。

纤维孔内如漏出尘渣，通常可由于纤维的过滤作用和漏孔附近的尘渣聚集而显示在装置的清洁空气一侧。对于装在除尘器清洁空气一侧的通风机，过度的漏泄将造成叶轮和机壳的不适当磨损。如对纤维维护良好，一套管囊在大多数应用实例中可使用数年。纤维过早的磨破可以借安装时不要张得过紧而得到避免。当振动机构在工作时，管囊绝不能处于张力之下。

纤维除尘器内的压力差异不应超过惯用装置摇落循环刚开始之前的设计压力差和回送脉冲装置的最大设计压力。过分的压力差异可因除尘器使用负荷、纤维孔为水分和黏性物质阻塞以及振摇器或脉冲机构有缺陷而造成。

e. 通风机

任何排气系统最重要项目之一就是通风机。大部分通风机故障的造成是由于：

（1）通风机叶轮和壳体的摩擦切割。

（2）V 形皮带传动和轴承的不适当维护。

（3）集聚物造成振动。

推荐将重型工业用通风机用于除尘系统。尽管桨叶轮式通风机不如离心式那样效率高，但工作性能较好并具有比较坚固的结构。对于下列各项必须进行适当

的维护:

(1) 由集聚物或轻型结构平台上的安装不善所造成的振动。

(2) 叶片、铆钉和螺栓头的磨损和锈蚀。这通常在靠近叶轮盘处出现。

(3) 正常的旋转方向。大多数通风机在反转时也能排出一些空气,因此空气的移动并不就是通风机正确旋转方向的充分证明。大多数制造厂家在壳体上标明旋转方向。

(4) 正确的 V 形皮带张力。多皮带传动中只要有一条皮带断裂,所有的皮带都应在关车期间全部更换。多股 V 形皮带应具有匹配数,以避免少数皮带带动全部负荷。

(5) 轴承加润滑脂的常规程序。应遵循轴承制造厂家制定的程序和方法。切记润滑脂过多和缺少会有同样的害处。

一切通风机都应装置检修门使可通进壳体内或通进进气和排气管道。这类门应备有坚固的门扣和有效的密封。

在焊上防磨耗板或接合板来对通风机叶轮进行修理时,很重要的是在重新安装或开动之前一定要先仔细平衡叶轮。所有的板片都应具有相同的重量和一样的模式。只要在铁片上增加弧焊焊珠就可很容易地达到平衡。叶轮在平衡滚子上达到平衡(静平衡)是可能的。但当通风机以工作转速运转时则产生颤动(即动态不平衡)。

C 空气压缩机的安装和维护

a. 离心式压缩机的安装

离心式压缩机的安装包括增速器的安装,底座、下汽缸与轴承座的就位,轴承、转子和隔板的安装等。

□ 增速器的安装

增速器通常作为整个压缩机组的安装基准,因此应首先按有关规范和质量标准进行安装。

(1) 校准水平度。首先将增速器吊装就位,注意使其和基础中心线(包括纵向、横向)相吻合,然后利用垫铁调整其水平度,使其横向水平度不超过

0.1mm/m，纵向水平度不超过 0.2mm/m，检查纵向水平度时，应将水平仪放在增速器高速轴上（小齿轮轴），如果在增速器中分面上测量水平，其纵向水平应以镗孔处为准，横向水平应以轴线垂直处位置为准。

（2）校准齿轮组的中心距、平行度、水平度、齿侧间隙和接触斑点。

根据设备技术文件和有关标准的有关精度等级进行校准，并且用内径百分尺、水平仪、百分表、塞尺插试和着色法进行检查。

（3）增速器组装。

首先，检查增速器大齿轮轴颈和小齿轮轴颈与轴瓦的配合情况，测量顶间隙和侧间隙。

检查上瓦背与轴承盖的过盈值，检查下瓦背和轴承孔的接触面的间隙和接触面积。

组装增速器时，严格检查大齿轮轴与电动机（或汽轮机、燃气轮机）轴的同轴度以及小齿轮轴与压缩机转子的同轴度，严格控制这两个数据，使之符合安装规范。

最后，将增速器上、下壳体组装起来，接合面应紧密，螺栓拧紧前其局部间隙≤0.04mm。

□ 下汽缸与轴承座安装

（1）下汽缸与轴承座水平找正。下汽缸与轴承座水平找正借助水平仪在主轴颈上检查测量，其纵向水平允许误差不得超过 0.03mm/m，横向水平允许误差不超过 0.01mm/m。

（2）下汽缸与轴承座同轴度校准。用拉钢丝法或用激光准直仪法调整下汽缸与轴承座同轴度，使其符合规定要求。然后用着色法和塞尺插试检查轴承座与底座的接触情况，其接触应紧密、均匀，局部间隙不应大于 0.1mm。

□ 轴承、转子和隔板的安装

（1）轴承安装前的检查。轴承的作用是将转子固定在正确位置上，并且确保转子正常运转而不发生振动。对轴承的要求是受力均匀，各部件连接紧密。

轴承安装前，应仔细检查并进行煤油清洗。检查其是否有裂纹、砂眼、划痕、孔洞和脱胎现象，推动轴承要检查推力瓦块厚度，要求各推力瓦块厚度允差不超过 0.02mm，轴承擦干后应用压缩空气吹净。

（2）轴承与转子的安装。将下轴瓦涂上少许透平油后装到下轴承座上，然后将转子吊到下轴瓦上，吊装时，转子应呈水平状态。

转子就位后，应检查下列项目：

①检查轴承座洼窝与轴承外表面瓦枕的接触情况是否符合技术文件的规定。

②检查轴瓦与轴颈的接触弧面、顶间隙和侧间隙是否符合技术文件的规定。

③检查推力轴承的推力盘瓢偏度和平面度误差。

④检查转子上主要零件的径向振摆和轴向振摆，用千分表检查推力轴承侧的转子突出端的晃动度，以此判断转子的偏心和弯曲误差。

⑤检查转子的扬度，使扬度符合安装技术要求。当用水平仪测扬度时，还须按轴封洼窝为基准找正转子，使转子轴心线与洼窝中心线重合，其同轴度误差应符合安装技术规定。

（3）隔板的安装。隔板的安装可以在转子安装前或安装后进行，安装前，先将就位的转子吊出，清除下汽缸内的杂质，表面用干布或汽油擦拭后再用压缩空气仔细地吹干净，在隔板洼窝和轴封洼窝内涂上一层薄薄的银白铅粉，将隔板装入汽缸，并检查隔板与汽缸间的膨胀间隙，此间隙过大，会造成隔板轴向位移，安装时此间隙应按技术文件的要求进行调整，如无特殊规定，可按下列规定安装：

一般钢制隔板轴向间隙 0.05～0.1mm；

铸铁隔板为 0.2 或大于 0.2mm；

径向间隙与隔板直径大小有关，通常取 1～2mm。

将平尺正对隔板放在气弧接合面上，用基尺或压铅法测出上下隔板间隙，此间隙应为 0.1～0.25mm。

将转子吊入汽缸，安装推力轴承，调整好轴向位移安全器的报警值。

用基尺分别测量下汽缸前后轴封、隔板轴封和轮盖密封的径向间隙和轴向间隙。检查各级叶轮的最小径向与轴向间隙，各级叶轮最小径向间隙应大于同级叶轮径向晃动度的两倍，而各级叶轮最小轴向间隙应大于同级叶轮轴向晃动度与最大窜动之和的两倍，最小径向和轴向间隙的测量用基尺在下汽缸水平接合面上进行。

b. 离心式压缩机的试车

离心式压缩机试车分为两步：机械性能试验和设计负荷试车。试车时以空气为压缩介质，如压缩机设计工作介质的比重小于空气时，应计算以空气进行试运转时所需要的功率和压缩后的温升是否影响正常运转，如有影响，必须用规定的介质进行设计负荷试运转。

c. 离心式压缩机试车时的故障及排除方法

离心式压缩机试车时常见的主要故障有：

□ 排气量达不到设计要求

压缩机排气量达不到设计要求的原因主要有以下几个方面：

（1）试车是在夏天高温季节，影响生产能力。

（2）安装密封间隙过大，造成级间串气，或因转子轴向移动破坏了密封装置。应该复查和调整密封间隙和调整转子轴向位移。

（3）各级冷却器效率降低。造成这一现象的主要原因是冷却水量不足，供水温度过高和冷却器内积垢而影响传热，因此应增加冷却水，降低水温和清除水垢。

（4）过滤网阻塞造成负压增大。造成这一现象的原因主要是灰尘很大，过滤网运行不正常使得灰尘积厚及由于气温低、油黏度大而造成阻塞和冻结现象。因此必须及时停车，清扫过滤室，更换新油。

□ 轴承温度过高

造成轴承温度过高的主要原因有：

（1）轴承进油节流圈孔径小，油量不足，冷却效果不好，应适当增大节流圈孔径。

（2）轴瓦与轴颈间隙（顶间隙与侧间隙）过小。应重新刮瓦。

（3）润滑油变质或油内混有水分。应更换润滑油，检查冷却器，消除漏水。

（4）轴承进油温度过高。应开大冷却水量。

（5）下瓦中分面处存油槽料度太小。应适当刮大。

（6）轴瓦质量不佳。应重新更换和浇铸。

□ 轴承振动过大

造成轴承振动过大的主要原因有：

（1）压缩机转子与增速器小齿轮轴同轴度误差过大。应重新找正。

（2）电分机转子与增速器大齿轮轴同轴度误差过大。应重新找正。

（3）压缩机转子与增速器齿轮平衡度被破坏。应该校正动平衡。

（4）轴承盖与轴瓦间压合不紧密。应刮研轴承调整垫块，保持与轴瓦有

0.03~0.07mm 的过盈紧力。

(5) 转子与气封发生碰撞。应重新调整密封间隙。

(6) 负荷变化剧烈或压缩机处于喘振区工作。应迅速调节工作负荷或开大人口调节与放空阀。

(7) 增速器内齿轮啮合不良。应用压铅或着色法重新调整。

(8) 转子有弯曲现象。应进行校直。

(9) 轴瓦间隙过大。应减少间隙。

(10) 地脚螺栓松动。应拧紧地脚螺栓。

(11) 压缩机汽缸内有积水或固体物质。应设法排除。

□ 润滑油急剧下降

造成润滑油压急剧下降的主要原因有:

(1) 齿轮油泵间隙太小。应重新调整间隙。

(2) 油管破裂或连接法兰有泄漏现象。应更换油管,拧紧法兰螺栓。

(3) 滤油器堵塞。应清洗滤油器。

(4) 油箱内油量不足。应添加润滑油。

(5) 油泵吸入管道漏气。应检查并排除。

□ 油温和气温过高

造成油温和气温过高的主要原因有:

(1) 冷油器和气体冷却器内结垢。应清洗冷油器和气体冷却器。

(2) 冷却水量不足。应加大冷却水量。

(3) 冷却水管边堵塞。应检查并消除。

□ 压缩机出现"倒转"

"倒转"大多发生在停电和自动停车时,应立即关闭选入系统阀门,检查供油情况。

"倒转"对压缩机危害极大,造成润滑油中断和入口油系统爆裂。造成"倒装"的主要原因是末段出口递止阀失灵和放空操作不及时,应检查递止阀和及时操作放空。

d. 往复式空气压缩机的运行和维护

每台空压机都应有安装、运行和使用说明书，使操作者有足够的资料进行安装、运行和维修。机电工务员要仔细阅读说明书并熟悉空压机的结构，以便进行少量的调整工作和紧急修理。

为了方便维修，安装空压机的地方应干净明亮且有足够的空间以便必要时拆开零件。

要使空压机能满意地运行和维修，必须要有合适的基础。基础如果不够大也没有足够的承压表面，便会引起空压机的振动，从而使排气管、吸气管和水管破裂，同时使零件严重磨损。

凡需混凝土基础的空压机，供应商应提供以下资料：基础应高出地平的高度；基础上该承受的零件的重量以及基础必须吸收的不平衡的力。基础要根据土壤情况建立。为了测定基础在地平线以下的深度和尺寸，应该取出试验泥芯并计算出土壤的承载能力。有了这个数据，再加上空压机重量和不平衡力的资料，便可以设计基础，使空压机顺利进行。

许多小型立式空压机就安装在现有的混凝土地面上，往往运行很好。因为大面积的地面形成一个足够大的体积，足以承受空压机的不平衡力。

有些地方，不可能将空压机安放在基础上或安放在铺在土地上的混凝土地面上。而是必须放在不结实的基础上。对于这种安装情况，必须在承放空压机和电动机的基础下面装上防振器。抽气管、排气管和水管都要用伸缩接头连接，以免振动和噪声传到建筑物去。

□ 空气滤清器和抽气管

每台空压机都要装空气滤清器，这是最有效的一种形式。滤清器应该总是供应无酸的、干净的冷空气并有明确的使用说明。

有些地方，由于环境条件不好，必须将滤清器远离空压机。应注意在空压机上加抽气管。抽气管必须紧密，没有污物、碎渣和锈皮，大小与长度要合适，能够接到空压机抽气口上。管子越短越好。

清洗滤清器的时间间隔决定于其类型和位置，要根据积累的污物加以决定。对于各种装置无肯定的时间。

□ 储气柜的位置和容量

储气柜常常作为空压机的附件，但在许多情况下，其尺寸大小和安装都不适当。正确安装和适当的大小，对于空压机和空气管道系统都是很重要的。储气柜可以吸收空压机上排气管里的脉动压力，使通向使用管道的空气流更加平衡。它是压缩空气的一个储气库，可以解决突然超过额定容量的需要和临时的急需。储气柜还有一个作用是将水汽凝结，防止水汽带入配气系统。

储气柜最好尽量靠近空压机，使排气管道最短，从而去除气柜与空压机之间的压力降。许多储气柜都放在空压机房的外面，暴露于大气之中，这样，当室外温度降到一定程度时，便有冻结的麻烦。普通的顶部出口安全阀可能会冻结闭死，发生危险。安全阀应将开口朝下，使水流出，阀便能在必要时动作。如果空压机停机，不要让空气通水储气柜。排水阀或排水机构可能冻结，也可能要损坏其中零件。

□ 启动新的空压机

在新的空压机或修理过的空压机启动之前，应仔细检查润滑系统，肯定凡是制造厂规定润滑之处都已加油。空压机上如有压力机械润滑装置，要用手来摇油轴或压泵，使油进入需要润滑的零件。因为在启动前，需要预先润滑。将所有螺栓、螺母和背帽拧紧。用手转动一下空压机，看看有无卡死和摩擦等现象。

当突压机需要从主水管通水冷却时，打开水门，检查有无泄漏，并检查所有需要水冷的零件是否都已有水通入。如空压机有自身水冷系统，要将水充满，并检查空气是否全部逸出冷却系统。

要检查空压机通向储气柜的排气管，如果在两者之间有球阀、闸阀或止回阀，要使这些阀统统打开。在空压机和这些阀之间还要有安全阀。安全阀是必要的，因为很可能某一个阀关闭，而空压机又已启动，如果马达功率很大，便会产生爆炸。过载保护器如果失效，也会爆炸。

如果各处已检查完毕，将马达瞬息通一下电，让机器逐渐停止。在逐渐停止阶段要密切注意，活动零件是否太紧。断电后，机器空载转动的时间，可以代表空载摩擦。如果没有毛病，可让机器空载运行。

空载运行1～2小时后，再定期地停止一下，检查轴承和其他零件是否发热，然后，加部分负载，逐渐加到最大负载和压力。全部试运行时间至少4小时。

试运行的重要性必须强调。所花的时间和注意使运行表面获得抛光的精度，虽然花钱，但可延长空压机寿命。空压机试运行以后，以后的工作就是要供给干净空气，供给足够冷水和供给适当的润滑了。

开动水冷空压机时，如果冷却水太多也会使冷凝水太多并使汽缸磨损，因为冷的汽缸润滑是不太好的；而一旦润滑不好，势必加大所需的功率，也就增加了维修费用和运行费用。要掌握一条有用的规则，就是出水温度要在 49℃～54℃之间。在这个温度范围内，可以很好的冷却，也可以很好的润滑，使气缸里的冷凝水减到最少。

要使空压机有效地运行并使维修费用减少到最少，就必须做到上述要求。现在，必须建立起日常维修，以后还要有一定的制度。

□ 润滑

空压机对润滑系统的检查是最重要的。要保持空压润滑良好。要至少每隔 24 小时检查油位一次。只能用空压机厂规定的润滑油脂。所用的油，碳化趋向要低，含硫量要少，而且还要含有抗氧化剂。必须使用与温度相适应的油的重量。说明书上对此都有规定。

由于各地区尘土、污物和大气条件都不一样，肯定说出空压机该隔多久便要更换曲轴箱和传动部件的油，是不可能的。油中会混入外来杂物，也可能发生氧化。换油的时间应根据地区条件决定，可以根据油的变色和物理性能的变化来决定。

换油的时候，要打开手孔或盖板，用干净抹布清扫曲轴箱和传动箱内部的污垢。如不可能清扫，便要使用高级的冲洗油，将落在曲轴箱底板上的颗粒清除干净。给空压机油杯重新加油时，装油的容量一定不能有尘土、磨粒和污物。这一点往往被人忽视。

□ 阀

在往复式空压机中，阀必须处在一级运行状态，因为泄漏的阀和不正常的阀都会损耗输出的空气。发热往往使驱动装置过载。因此，必须定期检查阀，并一直保持其工作正常。

检查阀的时间，决定于几个情况，比如空气滤清器的效率，油的碳化趋向及空压机的总的状况。如果滤清器有效，并经常使用，大量的污物便不会在空气流里，也就不会停在阀里。使用碳化趋向低的油，则阀上沉积的炭黑将最少，对于单动立式空压机，活塞、活塞环和气缸壁都应保持正常状态，这样，大量的油便不会通过这些零件。低耗油量消除了不必要的炭黑积累，也就延长了阀的寿命。但没有固定的检查时间，由维修人员根据实际情况决定。在一台新设备上，在使用 200 小时以后，应该检查一下阀。

当阀产生故障时，有几种方法来找出有故障的阀。第一个毛病便是输气率低，而且阀要发热。对于单级空压机，通常使用的方法是用手摸阀的盖板并断定出盖板下最热的阀。如果抽气阀泄漏，当空压机有载运行时，在空气滤清器里，可以听到一种敲击的声音。

在两级空压机里，用内冷压力表来寻找有毛病的阀。如内冷压力低，便要检查低压汽缸上的阀。如内冷压力高，便要检查高压汽缸上的阀。用手摸阀盖板，可以检查出盖板下面最热的阀就是有毛病的阀。如果高压抽气阀泄漏，那么，内冷表指针便在正常压力值上波动而内冷安全阀会有爆破声。如果是高压排气阀漏了，则内冷表指针会稳定上升，在内冷器内建立起压力，直到内冷安全阀开始释放为止。

当低压抽气阀泄漏时，如果空压机在有载运行，则空气会往回吹入抽气管道和空气滤清器。低压排气阀泄漏会使内冷表指针在低于正常压力值的地方波动。

阀是空压机的重要零件，因此，在拆装时，要遵照说明书上的资料规定。

阀盘或阀板与阀座之间发生磨损，便在阀盘或阀板上留下一个肩突形的印痕。阀盘或阀板如有磨损，要更换新的。

大多数磨损的阀座可以重新修磨表面。有些阀在修磨阀座以后，要检查阀杆的提升情况，如发现超过阀厂规定，要将多余的部分切除，使阀杆提升正确。因为提升太多会加速磨损和损坏。

大多数阀的阀座通常为凸起形式，当阀座重新修磨以后，不要对多余部分加工，因为提升情况仍然会符合阀厂的规定。

阀只要过热，便该更换阀盘或阀板和弹簧，因为高温会降低这些零件的寿命，最后使零件破坏，而使空压机损坏。

大多数空压机在阀座下面有一个垫圈。这个垫圈必须在一级完好状态。如果有点毛病，要更换。因为漏的垫圈会大量漏气。

盖板垫圈也很重要，安装盖板时，一定要使垫圈完好。阀盖螺母和背帽必须均匀地往下拧紧。不要先紧一边，再紧另一边，因为这样，垫圈受力不均匀会产生泄漏或使阀盖弹起。

各家空压机厂所用阀也有几种。为了很好地安装空压机，要参照空压机的说明书。安装阀和零件时，要非常仔细。

□ 活塞环

阀常常是降低空压机效率的一个原因。但是，如果阀正常，则效率降低的原因便可能由于活塞环所引起。当润滑正常时，活塞环的磨损一般是很慢的。但是，随着运行时间的推移，活塞环还是要磨损的，使周围产生间隙，当磨损到一定程度，活塞环的密封作用消失了，气流便通过间隙流过活塞环的背后。

检查活塞环的一个方法是在活塞上部加气压，然后用手感或听气流是否从活塞和活塞环旁边流过去。检查双动汽缸时，可以拆掉一头的阀，而在另一头通空气，然后检查拆掉阀的一头的漏气情况。注意！不要把手放入汽缸，因为另一头的气压可以推动活塞，轧伤手和手臂。

如发现活塞环漏气严重，要拆掉活塞，检查活塞到气缸壁的间隙，并检查活塞环的磨损量，确定需要更换的零件。当汽缸的活塞划伤时，汽缸可以镗大到一个标准尺寸，然后再装配新的活塞和活塞环。划伤的汽缸总是会漏气，由于损耗了功率，加快了磨损，因而增加了运行费用。

具有自动活塞的空压机，当安装新的活塞环时，要检查一下活塞销，如果活塞销松动，要换销套。新活塞环在汽缸壁上所引起的拉毛，如果间隙太大时，会使活塞销产生震动。

参考文献

1. 林虔主编．内线安装工，北京：中国水利水电出版社，1999

2. 华玉兴编．变配电所的运行和维护，北京：中国铁道出版社

3. 宫德福主编．维修电工，广东：广东高等教育出版社，2001

4. 李景元编著．设备管理员，北京：企业管理出版社，2002

5. ［日］曲泽真渊著，杨锦元，盛世豪，张永高译．电动机的选择和使用方法．上海：上海科学技术文献出版社

6. 国家机械工业委员会统编．中级管道工工艺学，北京：机械工业出版社

7. 赵兴仁，张曾龙，张益民编著．工业设备安装工程学，南京：河海大学出版社，1991

8. 陆庆武主编 机械安全技术，北京：中国劳动出版社，1998

9. 陈冠国编．机械设备维修．北京：机械工业出版社

10. 江苏省机械工业厅编，设备管理与维修手册．江苏：科学技术出版社，1987

11. 陈家斌主编，常用电气设备故障排除实例．郑州：河南科学技术出版社

12. 劳动部职业安全卫生与锅炉压力容器监察局组织编写电工．北京：中国劳动出版社，1997

13. 林虔主编．配电线路工．北京：中国水利水电出版社，1997

14. 应启明，刘德荣编．水表装修工，北京：中国建筑工业出版社，1995

"广经企管白金书系"书目（第一辑）

外贸实操指南系列	
中小企业外贸一本通	进出口贸易实操手册
外贸英文信函范例与常用精句	进出口业务单证操作手册
生产管理实操指南系列	
采购管理实务	物流配送中心规划与运作管理
库存管理实务	班组管理：改善手法 80 例
班组管理：从基础到技巧	轻松管现场
六西格玛设计实战	SPC 实施指南
QCC 品管圈操作实务与案例	轻松管设备
5S 活动推行与实施	
培训管理系列	
世界五百强企业培训故事全案	
岗位培训问答系列	
人事与培训管理问答	总务与文件管理问答
采购与生产管理问答	货仓与 MRP－II 管理问答
岗位业务培训系列	
如何做好保安	如何做好报关员
如何做好采购员	如何做好餐饮服务员
如何做好餐饮经理	如何做好仓库管理员
如何做好仓库主管实务	如何做好促销员

（续表）

岗位业务培训系列	
如何做好导购员	如何做好店长
如何做好跟单员	如何做好工程技术部主管
如何做好工艺技术员	如何做好行政部主管
如何做好后勤主管	如何做好机电工务员
如何做好计划调度员	如何做好家政工作
如何做好酒店行政经理	如何做好酒店领班
如何做好酒店营销经理	如何做好客房服务员
如何做好客房经理	如何做好客服员
如何做好秘书	如何做好培训主管
如何做好品管部主管	如何做好前厅经理
如何做好人事	如何做好生产部主管
如何做好市场部主管	如何做好收银员
如何做好物料部主管	如何做好物料控制员
如何做好项目管理员	如何做好项目主管
如何做好销售员	如何做好销售主管
如何做好信息主管	如何做好营销主管
如何做好营业员	如何做好质量检验员